# 爱的，
# 辈子做女生

ar Girls

（台湾）杨雅晴◎著

国际文化出版公司
·北京·

**图书在版编目（CIP）数据**

亲爱的，一辈子做女生 / 杨雅晴著 . -- 北京 ：国际文化出版公司，2019.7
ISBN 978-7-5125-1126-2

Ⅰ . ①亲… Ⅱ . ①杨… Ⅲ . ①女性－人生哲学－通俗读物 Ⅳ . ① B821-49

中国版本图书馆 CIP 数据核字 (2019) 第 102612 号

著作权登记号 图字：01－2019－3252 号



## 亲爱的，一辈子做女生

| | | |
|---|---|---|
| 作　者 | 杨雅晴 | |
| 责任编辑 | 戴　婕 | |
| 统筹监制 | 兰　青 | |
| 美术编辑 | 丁鉷煜 | |
| 出版发行 | 国际文化出版公司 | |
| 经　销 | 国文润华文化传媒（北京）有限责任公司 | |
| 印　刷 | 文畅阁印刷有限公司 | |
| 开　本 | 880 毫米 ×1230 毫米 | 32 开 |
| | 7 印张 | 110 千字 |
| 版　次 | 2019 年 7 月第 1 版 | |
| | 2019 年 7 月第 1 次 | |
| 书　号 | ISBN 978-7-5125-1126-2 | |
| 定　价 | 39.80 元 | |

国际文化出版公司
北京朝阳区东土城路乙 9 号　　邮编：100013
总编室：（010）64271551　　传真：（010）64271578
销售热线：（010）64271187
传真：（010）64271187-800
E-mail：icpc@95777.sina.net
http://www.sinoread.com

# 序

*Preface*

## 一百个吻之后

在巴黎念书时，某个平凡的、跟其他日子没有什么不同的夜里，我熄掉卧室唯一的光源，钻进被窝里准备跟妮妮（她是一只迷你约克夏）一块儿睡觉。房里并非全黑，月光从床右侧正对中庭那扇大窗透进来，把空气中的尘絮照得一清二楚。我揉揉妮妮的耳朵，如往常般进行睡前的胡思乱想，突然一个念头闯了进来：在巴黎街头亲吻一百个人，应该会很好玩吧？

我自己也觉得莫名其妙，怎么会想到这个呢？但脑海中已经开始闪过一幅又一幅的亲吻画面，每一幅都美得要命，美到我觉得非把它们从脑海中提取出来不可。我越想越兴奋，转头对一旁的妮妮说："妮妮，我是天才，竟然想出这么美的点子。天啊，太美了，我现在就想冲出门开始亲了，哈哈哈哈哈……太好玩了，妮妮我们一起去亲遍巴黎吧！"妮妮伸出小舌头轻轻舔我的脸，又用鼻子轻叩我的下巴，发出“嚄嚄”的小猪声，然后折起前脚压在胸口下，蜷成一团。

隔天醒来，脸都还没洗，我就跳到电脑前写邮件联络在巴黎认识的唯一一位摄影学院学生，告诉他我想亲吻一百个人，并邀请他拍下这些吻照。我们很快地约着喝了一杯咖啡，便上街开始亲人了。

当时真没想到这个突发奇想会影响我一生。

“可以给我一个吻吗？”答案不是 Yes 就是 No，但黄色 T 恤的男孩用眯眼微笑来表示同意，桥上的小平头则是说了 Yes 之后还不忘说教一番。而同样是吻，草帽男闭上了眼睛，意大利人在亲吻之前肉麻情话讲个不停，纽约客则跷起二郎腿说了一句“That’s cool”才亲下去。我亲吻了男孩、男人、女孩、女人。每一个吻都那么不同，每一个吻都值得拥有一个专属的小故事。

最初我傻傻估计两个星期就能拍完，结果拍了一整年，拍照其实还蛮辛苦的呢。那一年，经历了吻照被登上台湾地区报纸头版，博客一夜之间涌入十万浏览人次，留言区被各种性羞辱洗版，被“封”为荡妇代表，从此稳坐台湾 CCR

（Cross Cultural Romance，跨文化恋爱）一姐宝座、被恐吓、被诅咒、被追踪、被崇拜，后来还以此为主题上 TED（Technology Entertainment Design）演讲……诉不尽的神展开。

很多人因为我熬过网络霸凌以及对情欲的态度坦然，而改用性别政治的角度重新诠释“百吻”，试图将“百吻”拉高到更具正当性的位置。但在我心里，无论后续发展成什么，这整件事的本质从来没有变过，就是一场少女（花痴）绮想，再单纯不过，且最美妙的是我跟十八号男主角发展了一段恋情，这才是对我来说最有高度的事，哇哈哈哈哈。

总之，不管别人怎么看，我只觉得自己天真烂漫，足够可爱。虽然很多人觉得我被骂很倒霉，但我认为自己很幸运，说真的，我并不是那种一有想法就马上去实践的行动派，我也会任由一些感觉很不错的点子埋葬在脑中。但就这么幸运，我挑了一个最浪漫的突发奇想去实践，然后它成了我的经典代表作。

巴黎不是一个人美心更美的城市，它骄纵又难搞，坏得恰恰好适合在街头索吻，没有比巴黎更完美的场景了。这一百个吻以书名《百吻巴黎》出版，第一位男主角是换帆布广告的工人，最后一位是从第十八吻变成男友的克雷蒙，整本书以亲吻妮妮开场，以亲吻自己结束。即使距离现在已经八年多，想起来还是挺得意。“我在巴黎亲了一百个人耶，呵呵（甜笑）。”站在时间轴上往回看，这一趟走得真漂亮。

去年春天我在《百吻巴黎 Kiss.Paris——杨雅晴》粉丝专页发了一篇教大家许愿的文章，随后便收到粉丝发来私信，说她的愿望是我再度出书。粉丝的厚爱令我心生感动，但转头看看还在蠕动、爬行、等吃奶的女儿，就觉得算了，等她去幼儿园再说吧，否则光想想都觉得累。但就这么神，几个小时之后我打开 Gmail 邮箱，竟然收到出版社的出书邀请。只能说这位粉丝拥有神级的创造力，愿望瞬间就显化了。既然如此，我也没什么好犹豫的了，便回信给出版社答应出书一事，紧接着便跟编辑约见面、讨论新书内容、签合约，一气呵成。

写书这段日子，我又怀了第二胎，哈（拍手），想当初家里只有一个婴儿我就觉得自己出不了书，现在有两个，书还不是照样写完了，所以说限制都是自己想出来的，不是真的，是幻象啊幻象！《亲爱的，一辈子做女生》跟我家二宝几乎同时“出生”，最后一篇稿子寄出没多久我就进了产房，二宝很赏脸，五分钟“问世”且完全没让我痛到，产后的我一边坐月子一边校稿、写序，在挤奶空隙中一步步完成最后的工作。

老实说，“生”《亲爱的，一辈子做女生》这本书比生我家二宝还辛苦，但我甘愿。

从“百吻”到现在，最大的体会是“接纳自己”。网络霸凌让我看见的不是谁对谁错，而是每个人的内在战争。如果我们无法接纳自己的坏脾气，就会看坏脾气的人不顺眼；如果我们无法接纳自己的贪婪，就会制裁贪婪者；如果我们无法承认自己的情欲，就会对坦然表达情欲的人发动攻击。

无法接纳自己，生命便冲突不断，烽火连连的土地，哪长得出什么丰饶果实，穷的穷、死的死，一片惨淡。被骂那么多年，我也经历过厌世的日子，且花了好一番心力才挣脱受害情绪，恢复内心平和。现在的我，对人的信任与情感比之前更强烈，对善恶是非也更宽容。这个过程真的不容易，如此丰功伟业当然要出书成就一下自己；又，若能对他人有所贡献，就算只有一点点也爽。

一辈子其实没有很长，怎能不好好活？或者说，一辈子那么长耶，怎能不好好活？把时间拿来讨厌这个、怪罪那个，再把精力用在攻击与毁坏，不知不觉生命就过了一大半，多可惜。

我真心祝福每个人都愿意停止自己与自己的战争，重整生命之土，重新播种、耕耘，在有限的时间里，毫无限制地去做每一件喜欢的事；在好坏并存的世界中，去成为自己想成为的美好。

2018 年 8 月 22 日

# 目录

*Contents*

## PART 1 人生迷魂障

# PART 2
## 可爱的身体

# PART 3
## 迷人的照妖镜

## PART 4
## 为自己开路

# Part1
# 人生的迷魂障

亲爱的女生，
她说、他说、妈妈说、某人说……
都不如你自己说；
别人有别人的故事，
你有你的故事。

# 亲爱的，一辈子做女生

## 让夏洛特是夏洛特

最近常想起《欲望都市》这部剧集。

想起夏洛特就是夏洛特，没有人会要求她变成萨曼莎、凯莉或是米兰达。她们四个人的性格截然不同，却相安无事，爱在一起。

英雄片里面，总是先有一个任务（百分之九十九是拯救地球），然后合适的人选一个接一个带着自己的才能前来，比如呼风，比如唤雨，又或者玩水弄火。他们为了顾全大局互相忍受，龇牙咧嘴的，常常到头来仍会分家，落入正邪二元对立。英雄的世界永远要有个对错。

而姐妹情不这样演。姐妹的世界里，那些正邪、对错都是暧昧流动的。姐妹之间未必有共同的愿景（比如打击邪恶力量），却总有理由凑在一起；姐妹也没有相同的立场（比如打击邪恶力量 again），有时还处于对立，却依然能够对话，而且是没完没了的那种：在电话里聊、在洗澡时聊、在餐厅里聊，聊到被其他桌白眼……出于对彼此的情感，或者只是自己当下的心情，事情永远可以被重新诠释。姐妹情是个极其细腻复杂的二元之外的空间，在里面，好坏没有分野，对立都失效了。

记得某次演讲的最后，有人问我到底要怎么“做自己”。当时脑海中出现的是凯莉、萨曼莎、夏洛特、米兰达一起吃早午餐的场景，她们在聊什么我忘了，但四个人的看法全都不一样，甚至互相冲突，她们还是聊了整顿饭的时间。

我回答那个人：“《欲望都市》之所以好看，是因为夏洛特就是夏洛特，没有人会要求她变成萨曼莎、凯莉或是米兰达。”

“到底要怎么让那些保守分子进化啊？有他们在，社会就不能进步。”另一个人这样问，我脑中出现的依旧是她们四人。

“你想改变保守分子的心情，就跟保守分子想改变你一样。就是呢，我们都觉得另外一方是错的，需要被矫正。如果我们没有那种‘我才是对的’的心态，其实我们拥有足够的空间与资源让所有人都存在，大家可以相安无事、各过各的。但因为我们总觉得自己是对的，别人是错的，心里老想着世界没有那些错的人会更好，然后以正义之名试图除掉那些所谓错的人。人的本性好像就是这么排除异己，所以人类如果灭亡，应该不会是因为大家不生小孩，我猜是因为自相残杀。”“关于社会进不进步，我不知道怎么回答，但我觉得如果我们的社会容不下保守分子的声音，可能改变的时机就还没有到。”

当时表达得有点乱，但心里想的其实很简单，就是希望大家能够试着去接纳自己所不认同的。

**每个人都想要做自己，却都不让别人做他们自己。**就像我们埋怨父母不让我们做自己的时候，不会想到他们也渴望“做自己”，所以爸妈也可以说“我就是爱管你，怎样？”人其实矛盾又自私，高嚷着言论自由，当遇到反言论自由的人，却想尽办法叫他闭嘴；说要消灭万恶父权，结果却会去规训自己认为“不正确”的女人。

想来颇感伤。很多人觉得《欲望都市》不过是一群无脑拜金女之间的肤浅交情，但“让夏洛特是夏洛特”，世界上大部分的人都做不到。

## 自信是慢慢熟成的果实

常有人问我：“雅晴，要怎么样才能像你一样拥有自信？”

“你总是自信从容，怎么办到的？”

大家都好想拥有自信，可是不可能。

“自信”不是物品，“取得”与“失去”壁垒分明。在时间轴上，自信是来来去去的，这一秒有，下一秒又没有了；在时间点上，自信并不会平均分布，而是这里多，那里少，就像今早我对于自己能够驾驭一件花洋装感到扬扬得意，却同时对裙摆底下的肥脚踝感到自卑。

人永远都是既自信又自卑的，这再正常不过了。我想我人生中最有自信，或者说唯一没有自信问题的时刻，就是我出生的瞬间，因为那时候我还不会评价自己，过了那一刻，我就踏上了二元世界的大道，开始在是非、善恶、好坏、美丑的光谱上来回。光谱这一端叫自信，那一端叫自卑，我知道我会一直在上面，我知道每个人都在上面。

没自信的人常常以为有自信的人做什么事都比较顺利，所以更接近成功，而自己之所以失败，都是因为自信不足。但不是那样的，自信的人与自卑的人一样得面对生命中的重大事件与挫折，而且自信的人与自卑的人也都具备解决问题的能力，只不过，自信的人认为自己能够解决问题，所以起身去解决，而自卑的人却认为自己必须先有了“自信”才能够解决问题，于是裹足不前。

我们可以把“自信”换成其他任何想要却还没拥有的东西，比如：认为自己必须先有“钱”、有“完美的外表”、有“时间”，或者认为自己必须先“被爱”，才有办法前进。我们用引号里面的东西阻碍自己，如此一来就不必行动，不必面对真正的挑战，而可以一直逃避，告诉自己：“因为我还没拥有足够好的条件，所以我不能去做想做的事情。”

自信无法成为自卑者的解药，而是毒药，当我们越是深信自己要先拥有“自信”才能出发，就越是陷在里面，动弹不得。

没自信的时候，我们常会请教别人，而不是询问自己：到底怎么做才会有自信呢？这背后有个微妙的循环。自卑让我们自我厌恶，自我厌恶的时候我们当然不会想自问怎么做才会有自信，这种时候我们只会觉得自己的想法都烂透了。为了摆脱自卑的感觉，我们会很想要变成别人，变成那种看起来比自己好很多的人。于是呢，我们找来了模板，试图循着模板的路径走向所谓很有自信的位置，可惜那是不可能的事。我们走在别人的路上，灌溉的就是别人的土壤，不论走多远，回过头来仍要面对自己的道路依旧荒芜。

尽管看似不合逻辑，但没自信的时候最需要请教的人就是自己。问问自己为何总觉得自己不够好？有自信之后最想做的是哪件事，现在真的没办法做吗？想想到底哪来那么多的“应该”与“正确”？有必要对自己那么苛刻吗？……找个时间好好请教自己，就像请教别人那么求知若渴，然后静静地收下自己内心浮现的答案。当然，有时候我们也会因为取经于别人而增强自信，但真正发挥作用的，往往不是别人的方法，而是我们在过程中学会了倾听自己。

其实大部分的事情，没自信还是能够完成。让我们活得漂亮的能力，也大多不是与生俱来的，而是在生命中沿途捡拾来的。没自信没什么大不了，自卑的、小小的、无能的我，也同样有资格出发，只要愿意踏出第一步，承诺自己即使遇到挫折也要坚持下去，那么自信会在过程中慢慢成熟。

自信的果实很甜蜜，但那滋味没办法长久停留，过一阵子自卑仍会袭来。事情本该如此，没有人是完美的，人生亦同。**我们无法“拥有”自信，却可以接纳它的消长，允许它的来去。**

## 给得起的人

第一次觉得自己长大，是意识到“付出”这件事。

小孩子要什么是直接伸手的，而且觉得别人都会给他。事实上他本来就可以伸手伸得理直气壮，因为他要长大，那就得要吃、要知识、要空间、要各种资源，这些他都还没办法自己产出。

但像我这种从小被照顾得太好的小孩，到了明明已经可以自己产出一些东西的年龄，却还是习惯跟人伸手要。例如我出发去巴黎留学之前，很多信息明明可以在网上查到，但却没那个习惯靠自己查找、搜集，反而跑去陌生人的博客留言问人家留学该准备什么。又或者，当我心烦的时候，总会马上想到某些人的面孔，接着信息就“丢”过去了，噼里啪啦地倾倒自己的情绪，倒完开始坐等回复，好像别人有义务理我一样。

我是一个有成人躯壳的幼儿，岁月让我长身却没长心。我饿了就该有人为我准备食物，我需要帮忙时，别人就不能见死不救，而当我心碎时，不同情我的人就是冷血……回忆起以前的丢脸行径，我常常羞愧到无地自容。脑子是个好东西，真希望我一直持有，但过去不知怎么搞的，我从不会去思考自己能为别人做什么，只觉得我的需求应该被回应与满足，而总要有个人来做这件事，管他是谁。

唉，如果可以回到过去，我很想为那时候的自己做一件T恤，绑一条头巾，或者写一首歌，主打口号为："整个世界，都是我爸我妈。"

在台湾，我的家乡，有那么多的亲朋好友照顾我，疼爱我，我大概死都觉察不到自己的无知。直到去巴黎留学，法语不会讲，什么都不会，每件事都不顺利，没人帮忙根本什么都做不了，我终于发现自己有多没用、多可笑了。在异乡吃的苦是加倍苦，只能自己哭，哭饿了去翻冰箱时，还会意外发现重大的"真理"：若哭之前冰箱是空的，那么哭完它肯定还是空的。不像在台湾家里的冰箱，食物好像会自行

“繁殖”。

到这么落魄狼狈的一刻，才领会到生活从来就不是唾手可得之物。没有人“应该”要帮我，每个人都有自己的生活要过，没有谁闲闲等在那儿当我的专属慈善家。这样的体会倒不是感慨“人都是自私的”之类，而是意识到，愿意伸出援手的人原来付出了那么多，而我一直都在索取。我之所以可以活到现在，是多少人的给予造就而成。“没有”的人会索取，“有”的人才能给，而我就是那个“没有”的人。

在异乡，太多的落魄最后是靠别人的恩惠才熬过去。以前认为理所当然的帮忙，如今被我视作宝物珍藏在心，我已能够真正看见其中的伟大，每一次收下恩惠，内心都产生天摇地动的震荡。我很想回报，但偏偏给予越大恩惠的人就越不在乎回报，一位影响我一生的恩人，连一顿饭都不让我请，只笑着说：“你不要因此讨厌巴黎，我就很开心了。”

这些人那么美好，我因他们的给予而美好。尤其是那个不让我请吃饭的恩人，一想起他，我就愿意全力以赴，成为一个也能够给予的人。当我有这样的渴望时，我知道自己不再是以前那个饭来张口、衣来伸手的小鬼了，我长大了。

以前觉得“长大成人”这件事很不吸引人，因为成人的世界有很多令人难以容忍的蠢事，而成人不知为何总会一直坚持做那些蠢事，过着相当不快乐的生活；且有些人自己已经过得那么糟了，还要逼小孩学他们。总之我有点儿抗拒长大成人。没想到，意识到自己长大的那一刻，并不感伤，反而有种迎回力量的感觉。

小孩天真无邪地“要”，大人天真无邪地“给”。**而长大成人，不过就是成为一个给得起的人，如此而已。**我没有比以前蠢，也没有比以前不快乐。没有觉得失去什么，还得到了更多。

## 阴谋

以前，我拥有很多男生朋友，是很容易跟男生打成一片的人。

我爱讲脏话、行为粗鲁、喜欢和人称兄道弟，如此汉子一条，心想男生一定都把我当哥儿们，不把我当女生看。事实上完全没有这回事，一切都是我的幻觉，他们从未把我当男生，一刻都没有。

我以为我们能打成一片是因为我个性讨喜，但事实上当时如此融洽的相处多是仰赖男生的特殊对待。他们嘴很贱，成天讲烂话损我，鲜少对我有所谓怜香惜玉的情怀，但每次聚会结束，一定会有人送我回家。我不想做什么，也从未有人勉强我，而他们之间倒是很喜欢互相勉强，谁不配合多数，马上挨揍遭轰。总之男生们粗鲁归粗鲁，其实把我捧在手心里。

我很喜欢这样的关系，觉得很自在，至少对那个时候的我来说，比跟女生朋友在一起还自在。但有件事十分困扰我：相处久了，男生朋友中总会有人跟我告白。

每次被告白我都很崩溃，瞬间心灵受创，内心小剧场音响开到最大声，边摇晃边嘶吼着："你怎么可以喜欢我？你怎么可以破坏我们的友谊？天啊，我们不能当朋友了，哦不，都是你的错，你毁了我们之间的友谊！"我心里虽这样想，但嘴巴却什么都没说，而是立刻人间蒸发，从此不跟向我告白的对象联络。这种回应方式非常恶劣，人家鼓起勇气向我袒露一片真心，我却拔腿就跑。但那时候的我除了逃走，实在想不出还能怎么面对，太尴尬了啊，一想到他是喜欢我的，就不知道该怎么相处下去。

千错万错都是别人的错。为什么要喜欢我呢？连朋友都当不成的感觉很糟。我不喜欢人间蒸发逃走，但我更怕那种变调友谊的尴尬。从前的我真的相信自己完全无辜。

"情海浮沉"、修炼多年后我才理解，以前的自己完全活在幻觉之中，当然看不穿自己的无知，而这些其实是为了合理享受男生朋友的付出与照顾。如今我清清楚楚，当年的自己并非真的那么迟钝，而是潜意识不愿负责与承担（只想被给予，不想回馈），所以表意识抽离，造就了迟钝，其实是个隐藏阴谋啦。

**人对于自己的魅力也是要负责任的**，我哪会不知道自己是值得被爱慕的呢？但我选择不去知道，才能脱罪，因为“是你自己要喜欢我的”。同样的戏码一次、两次、三次上演，其实就是个信号，要我去看见自己的行为背后隐藏着什么阴谋。但我当时不想看见，且若有人揭穿我，我一定会击鼓申冤：“我又不是故意的，怎么可以说我有阴谋？太过分了……”然后咬手帕大哭倒退跑掉，在无人的窄巷中捶墙之类。

这个隐藏阴谋，除了让我可以合理享受男生朋友的付出与照顾，也屏蔽了自己跟女性之间的竞争。说起来好羞愧，那时候的我觉得女生太拘小节、眉角多（眉角：台语，意指技巧、诀窍）、爱比较、心机重，所以觉得自己跟女生相处不自在，哎呀，其实也是幻觉一场，全都是我自己的投射。

这就是传说中的厌女情结啊。我厌恶自己的阴性面，拒绝面对阴性群体，却又用阴性特质去掠夺男性的焦点。跟女生在一起不自在，是因为女生能够轻而易举揭穿我的把戏，且对待我不会像男生那样，给予所谓的“特殊待遇”。对于过去那个不认识自己、不接纳自己又没有能力负责任的我而言，跟男生在一起当然比较舒服，因为能够享尽宠爱，不必面对真相。

这样的隐藏阴谋既恶劣又没有智慧，害我少了好几年拥有姐妹淘的快乐生活。我是女生，却无法跟女生自在相处，意味着我不接纳自己。真悲凉。我花了很长一段时间迎回自己的阴性面，那是一段真心忏悔、真心忏悔、再真心忏悔的过程，虽然走了很久，却很值得。

我很庆幸自己可以清醒过来，但想来是有点运气，谢谢世界对我的厚爱，也谢谢我是个很愿意面对自己并忏悔的人。以前只有哥儿们，没有姐妹淘，现在的我，人生已不能没有姐妹淘。现在的我很享受女生之间才有的默契、欣赏与支持。只有姐妹淘才懂我一件衣服买三个颜色的心情，以及在我化完妆之后告诉我眼妆很失败，请尽速重化；也只有姐妹淘会在我受气时不顾一切陪我骂人（毫无理智、不顾形象的那种骂法），而非进行逻辑分析与厘清问题。

不论失恋、换男友、结婚、生子都在身边，姐妹淘是我的人生伴侣。站在一辈子的时间线上来看，那比爱情还接近所谓“永远”。

# 补偿

有件事蛮好笑的。

当我们觉得自己无能，就会在人前表现出很有用的样子；觉得自己是失败者，就会加倍认真工作，摆脱失败感。或者，内在充满罪恶感，就会赶快演几出假正直、假善良的戏码；又，最常发生的，就是明明心已碎，但怕被别人发现，就笑着讲自己的悲惨故事，装作没被伤害到。

我是一个很害怕无能的人，这个恐惧让我在与人相处时，常忍不住想要展现自己的强项：独立与给予照顾。我总是想办法解决自己的问题，还会要求自己也要能够解决别人（尤其所爱之人）的问题，我很愿意倾听、分享资源、提供见解，我喜欢照顾别人……这些付出看似充满善意，但背后却藏了一种匮乏：我可以提供很多好处，请不要讨厌我或遗弃我。

我在家排行老大，妹妹出生时，大人们忙着照顾她，而我很快就发现只要把自己的事情做好，不要给大人造成负担，就会被夸奖，若更进一步帮忙照顾妹妹，便能得到更多的夸奖。后来又一个妹妹出生了，我又要更能自理，更懂得帮忙，才能得到关注与肯定。

就这样，“独立”跟“给予照顾”成为我觉得自己值得被爱的理由，所以我一直都在这两项特质上持续精进，因为我想要被爱。我怕没有这两项特质，就没有人爱我。

这是全人类都在做的事情：寻求被爱。而恐惧在寻求被爱的过程中扮演了关键的角色，我们会因为害怕不被爱而努力前进，也就是说，恐惧让每一个人有动力活着，它也造就了每一个人的人格特质。恐惧是前往爱的通道，却不是目的，这就是人间最有趣之处，没有恐惧就没有生命。

我的恐惧最猖狂的时刻是在生病时，我会一直告诉自己：“赶快好起来！不赶快好起来会拖累别人、变成别人的麻烦，我一定要赶快好起来！”明明内心深处非常渴望被照顾，而生病正是可以理所当然被照顾的时刻，我却不敢敞开心胸享受，一直逼自己赶快好起来。连生病都不忘自我鞭打，真是蛮变态的。我以前就是如此不放过自己，对自己没有爱。

这造成了我的讨爱模式：小时候帮妹妹绑头发、洗澡、换衣服，通过照顾妹妹们来得到父母的爱；长大变成整天挂念着朋友、男友、家人的需求，讨爱的对象从父母延伸到所有接受我付出的人们。其实回到最初，我从没试过如果不照顾妹妹，爸妈还会爱我吗？我猜还是会，但那时很小，单纯地想要一直被爱下去，就这样延续照顾妹妹的模式。久而久之，这种讨爱模式塑造了我的人格，让我不管面对谁，都想让他知道：我不仅独立能干，还会照顾人。

有一次跟朋友们聊天，聊到各自为了掩饰无能，做过哪些事。没想到大家都差不多，都爱用“装作很忙”和“努力工作”来掩饰对于无能的焦虑。例如，K 只要怕被同事超越就会疯狂阅读，S 只要业绩下滑就会自主加班，我则是一看到别的作家或博客人气比我旺，就会铆起来写个不停，一刻都不敢休息。

M 问：“因为看见自己的不足而努力补偿，不好吗？”

好问题，这个答案我也找了好久。

看见自己的不足而努力补偿，到底是好是坏？关键在意图。

比如打扫。有些人打扫是因为干净让他快乐，他很喜欢干净。当他在打扫时，心里尽是对窗明几净的向往，一想到自己可以拥有一个很棒很美的家，就很快乐。有些人打扫是出于对肮脏的恐惧，他被恐惧追着跑。他一边打扫，一边觉得好难受、好可怕、好烦，不赶快把肮脏的东西除掉，整个人都不自在。

两个过程看起来几乎一模一样，结果可能也一模一样，但喂养的能量完全不同。

因为怕脏而打扫，没有力量，打扫过程既焦虑又脆弱，随时都有可能崩溃，完全是个受害者；因为期待干净的家而打扫，一边打扫一边盼望，每个当下都是祝福，一路朝着愿景扫上去，越扫越有力量。一边在喂养恐惧，一边在喂养愿景，差别在这里。用恐惧喂养出来的漂亮干净的家，并不能让人快乐，但用愿景显化出来的漂亮干净的家，可以。

如果我是为了掩盖自己的不足而展现才华、给予，那我的匮乏会越来越大，大到有一天我控制不住，被它吞噬。这就是为什么烂好人必然“死路一条”，因为他内在是空的，还硬要给。

所以，明白自己有几两重并接纳自己当下的位置，非常重要。有就有，没有就没有；爱就爱，不爱就不爱。不要骗人骗己，**真实地面对自己，才能迎回真实的力量**。海伦·舒曼的《奇迹课程》一书开宗明义之言：凡真实的，必不受威胁，凡不真实的，根本不存在。

## 当一只猫

我以前不喜欢猫，不太敢跟猫对视，怕它们一个不爽，爪子就冷不防袭来。猫的脑袋里在想什么对我而言完全是一团谜，总觉得它们大多数时候都在打坏主意。

第一只跳到我身上的猫咪，是当时男友克雷蒙母亲的黑猫 Topaze（法语“祖母绿”的意思，发音类似托罢子）。Topaze 大部分的时间都在外头野，想家时，会从后门下方的宠物通道钻进屋里。它常叼着老鼠回家，逗弄一阵之后吃掉，那景象非常非常惊悚。有一次它进家门后竟笔直走向我（幸好没有叼老鼠），接着跳到我大腿上，站起来环抱我的脖子，发出咕噜咕噜的声音。克妈和克雷蒙两人很兴奋地在一旁说：“雅晴，它喜欢你呢！”“但我没有喜欢它啊！”我内心大喊，表面露出僵硬的苦笑。克妈跟克雷蒙拿起相机拍下这一幕，我低着头勉为其难地抚摸 Topaze，希望它赶快离开。

猫就是这样很烦，行为行踪都是个谜。明明我并没有喜欢它，但 Topaze 从此经常就跳到我身上，有时站起来抱我的脖子，有时赖在我大腿上打盹，还有几个晚上甚至在我睡觉的时候窝到我的脸旁边。这种爱实在很难收下，尤其睡觉睡到一半，一坨毛挤到鼻孔嘴巴前面，是要吓死谁。

但克雷蒙和克妈一天到晚摆出“哇，它好爱你噢！”的态度，好像被 Topaze“临幸”是多么罕见且荣幸的事。我这个人脑波很弱，若吃到难吃的东西，只要大家都在我旁边说好吃，我就会怀疑是自己舌头有问题。所以我开始觉得 Topaze 对我这么好，应该是我人生要开始走猫运了，也就是将要与猫这种生物合一，展现出内在猫的一面，成为一个猫女之类的。这些念头完全没有逻辑可言，但我当下信了我自己。

拜 Topaze 所赐，在克妈家住了一个月之后，我不再那么怕猫了。但是 Topaze 爪子刺又爱抱我脖子，把我搞得很痛，还喜欢在我睡觉时毫不客气地跳上床，用身体挤我的脸。这些动作看似亲密，好像我跟 Topaze 有多好似的，可我发誓，一直到离开克妈家，我都没有乐在其中。只要Topaze一靠近我，我还是会在心里拜托它走开。

回到台湾之后，某次跟朋友聚会，聊到动物跟人的相似度：有些人像猫，有些人像狗，我认识的一个人长得极像鲤鱼，朋友说他表弟的外型完全是站着走路的河马……聊着聊着，突然有人说："你们觉得杨雅晴是狗还是猫？"顿时所有人都转过来看我，异口同声地说："猫啊。"

高中时我有个绰号叫"小狗"，是大我一届的学长取的，他觉得我长得很像某种犬类。我对于"小狗"的形象没有任何抗拒，完全接受这个绰号。但当时若有人把我的绰号取作"小猫"，我会觉得那个人在暗讽我任性又阴险。

"猫啊。"那次聚会的现场所有人一致通过我是猫，一声狗都没有，连"g"的气音都没有出现。那个"猫啊"是如此一致，不加思索地脱口而出。

我当下表面呈现呆滞状，内心暗潮汹涌。我呆滞，是因为当所有人都说我是猫的时候，我心里竟然没有一丝不爽，我被自己吓呆。到底什么时候开始的？我竟然完全不讨厌猫了。被说是猫的那个当下，我第一个念头是"天啊，原来我这么慵懒且性感！”有种被恭维的感觉。

猫是怎么在我心里从阴险任性变成慵懒性感的？我没有半点头绪。然而此刻，一想到自己给人的感觉是慵懒又性感，甚至飘飘然了起来。不只慵懒性感，我越想越得意，觉得自己一定很优雅又机灵，才会看起来像猫。说不定是因为我腰很细？或者骨头很软？还是因为我眼睛很透明很漂亮……简直一发不可收拾，沉浸在一种“我是猫耶”的粉色泡泡之中。

过去我对猫那些莫名其妙的抗拒都不见了，真不知道怎么发生的，以及何时发生？我现在依然觉得猫任性和阴险，但这两个特质变得一点都不讨厌，尤其是任性，以前被说“任性”时多生气啊，但现在想到“任性”，只觉得可爱。

我仿佛来到了一个全新的境界。从现在起，我可以是一只猫咪：我像猫一样观察，在极其细微的地方找乐子；我像猫一样动静分明，游戏与狩猎时全心全意投入，累了就摊成一团麻糬。我看似谨慎其实少根筋，我有时冷漠有时贴心，我不高兴就出爪子，想抱谁的脖子就抱谁的脖子（此刻有点想念 Topaze）。

以前我不懂猫，比较懂狗，也比较像狗。狗想要被爱，就用好的表现去交换，比起抚背，更渴望被摸头。但猫就不同了，谁跟你玩交换啊，且想被摸就一定要被摸到，还得摸对地方才行呢。当一只猫，连撒娇都可以霸道，连任性都可以说是做自己，也因为这样，更惹人爱。

# 身为女人

今年的三八妇女节，我看到一则六十二岁的妇人顺产生下男婴且全母乳哺喂的新闻，感到很过瘾也很感动。六十二岁的吴女士笑说，对于生孩子，她从来都不觉得年龄是个问题。

女人常被叮咛三十岁就过了保鲜期，过了三十岁，生育条件、美貌资本，甚至是“被爱的权利”都会开始直线下坠。“女人越老越没价值”是集体潜意识恐惧。所以看到这种新闻，内心就是爽，就像有个铃铛不停地冒出“叮咚叮咚”声昭告天下：又一个女神跳脱集体潜意识，活出另一层次啰！

吴女士的新闻引发很多人的不满与焦虑，他们骂吴女士自私恶劣，只顾生小孩，却没考虑到小孩二十岁时妈妈已经八十二岁，年纪轻轻就要赡养年迈的母亲有多悲惨。

对很多人来说，赡养父母确实是很沉重的负担，所以当他们看到二十岁的孩子搭配八十二岁的母亲，第一反应便是认为那孩子很可怜。但真的是这样吗？很难说。现实世界是个奇幻乐园，什么可能性都有。我朋友的妈妈八十几岁，仍到处旅游玩耍，进修上课，活力十足，我朋友想跟妈妈吃顿饭还得事先预约呢，不然妈妈没空！

在我朋友的认知中，八十几岁的老人一点都不孱弱，而是精神抖擞的。所以当他看到八十二岁的妈妈搭配二十岁的儿子，完全不觉得哪里有问题。到底这样的组合是幸福还是悲惨，旁人不得而知，但可以确定的是，大家都将自己局限的经验投射到别人身上。

尤其当我们投射的对象是“母亲”时，更会有一种自以为正义的错觉，觉得自己有责任保护人类共同的后代，不知不觉便担任起母亲纠察队，要把所有不合格的母亲都揪出来好好矫正一番。“管教母亲，人人有责”的现象非常普遍，当妈的人肯定很有共鸣，甚至不用当妈，女人只要进入青春期，也就是开始接近“母亲”这个身份，便可以明显感受到全世界都要来管她了。少女会被警告不守妇道将来会无法当好妈妈；年过三十的女人会被指责高龄生产是在残害胎儿；已经怀孕的女人到哪儿都被隐形法眼盯着，喝咖啡被念、吃冰被骂、买豆花不能加薏仁；而生完小孩的女人则即刻展开被控诉不是完美母亲的一生。所有的女人，都统一被认作是未来、现在、过去的母亲。

除母亲之外，还有一个身份也很关键，就是妻子。在好女人教条中，女人得先是合格的妻子，然后才成为合格的母亲。而合格的妻子必须擅长做家事。

我跟人聊天时提及自己很爱做家事，得到的回应大致上可以分为两种，一种是：“娶到你真幸福。”另一种是：“啊？我还以为你是新时代的女性，没想到你这么传统。”

做家事明明就是我的天赋才华，但大部分的人都不夸我本人，反而把焦点放在社会观感。事实上，家事要做得好，必须整合美感、创意、自制力、组织力、应变力、记忆力等各种能力，如此了不起的才华，却没什么人懂得欣赏，实在太可惜了。

上述两种回应，看起来好像相反，其实都在用家事来评断女人的价值。第一种反应认为会做家事的女人才受欢迎；第二种反应则认为不做家事才够格称作“新时代女性”。不论是过去还是现在，家事才能都只被当成女人是否符合时代需求的指标。

然而做或不做家事，不过是生活中极为平凡的需求。我过去对家事毫无感觉，不是因为我反传统，而是那时还是家庭中的索取者，尚未成熟到愿意主动为家庭付出。后来爱上做家事，是因为离家到异乡生活，不会做家事是活不下去的，在非做不可的环境之下渐渐磨炼出家事技能，并从中感受到能够为自己的住处或家付出是多么甜美之事。

家事之所以会跟女人的价值绑在一块儿，是因为女人的活动领域长期被限缩在家庭里。这很愚蠢，为何不让女人依自己的喜好发挥所长？白白浪费世界上一半的人才。若不想助长这种不尊重女人的愚蠢文化，就要从尊重女人开始，包括尊重那些自愿待在家中的女人，包括尊重那些爱做家事的女人，而不是谴责她们不够进步。女人最不缺的就是规训了，以道德之名，以维护传统之名，以进步之名，以提升文明之名……一大堆的“该”与“不该”。

回到“母亲”，人人都爱管的母亲，就连她的子女也要管她。人在世上第一个与他人的关系，就是与母亲的关系。我们对妈妈的期待通常是“完美”，因为妈妈的不完美会导致我们的创伤，所以妈妈不能不完美。如果我们无法原谅妈妈所犯的错误，就会通过控诉那些可轻易批判却不需付出代价的其他母亲，来得到暂时的缓解，比如公众人物、路人、不熟的亲友。

所以母亲常常在挨骂，且常常是一些实在不相干的闲人在骂，唉，这个世界真的有够爱管女人、管母亲的。但我想这背后是因为大家潜意识都知道，母亲也就是女人，才是力量的源头。尽管一个生命在最初需要精子和卵子相互结合，但受精过后直到出生，掌握大权的都是母亲。从这个角度来看，我欣然接受母亲所引发的大众焦虑，没有力量的东西没办法引发焦虑，所有对女人的规训，都是女人拥有强大力量的证据。

在这层层规训之下，女人可以为自己编织出悲惨受害的故事，却也可以创造一个女神刀枪不入的故事。近几年我看到一个又一个女神用天真无邪的方式在冲撞这些规训。她们不是反抗，而是内在根本没有那些旧价值观，所以傻傻地、不受拘束地去做。尽管七嘴八舌的人很多，她们依然天真无邪，相信自己，然后漂亮地显化自己的信念。

今年的三八妇女节，老公下班时带了三枝玫瑰花来保姆家接我与女儿，一枝送给保姆，一枝送给女儿咪哈，一枝送给我，老公真贴心。

到家后我简单料理了晚餐：米饭、炒蛋、青菜和一条煎得超破碎的鱼。老公煮了汤圆当甜点，一家三口坐在一起吃。餐后咪哈拿着玫瑰花在游戏垫上乱甩，根本不管那是她爸爸的心意，很好笑，但是我心疼玫瑰，所以赶快把它们从咪哈手中救出来。

在妇女节这一天，不必小心翼翼地想身为女人该做什么、不该做什么，而只是身为一个人，如实地把这一天过好，我觉得很快乐。

# 晴雨交替

朋友间聊天，常会聊到怎么处理负面情绪，哎呀，这可能是人间最重要的问题之一。

坏情绪发泄出来会攻击到别人，压抑则是攻击自己，真不知道怎么办好。这也不是正面思考就能解套，正面思考是理智尚存的时候才派得上用场，但情绪属于潜意识范畴，那里没有理智可言，你对情绪下指令说不准哭，它越要哭，就像生气的时候听到“不要生气”并不会因此熄火，难过的时候听到“不要难过”只会更想来个大崩溃。

悲伤、愤怒、沮丧……这些负面情绪出现，是想要被安抚，不想被忽视。我们都见过，当一个小孩呼唤妈妈来看他堆好的积木城堡，若妈妈没理他，他会一次又一次地叫，越叫越大声，直到妈妈理会他为止，他不需要什么浩大排场，他只是要妈妈走过去看一下，笑一笑说声好棒，他就会继续玩他的游戏。

负面情绪发作，差不多就是这个状态。大多时候它只是想被看见与安抚，没有我们所以为的那么难缠。**真正困住我们的，不是负面情绪本身，而是我们对负面情绪的恐惧。**

几年前我在一场雨中骑着摩托车赶去上课，到达教室之后，整双鞋湿到像盛满汤的汤匙，穿着袜子的双脚在鞋里泡得白花花的，走起路来还发出扑哧扑哧的声音，超级不舒服。一踏进教室，我就对学生抱怨："下雨好讨厌噢。"

"不会啊，下雨天可以踩地上的水，很好玩，而且下雨天很香。"小学五年级的她歪着头看我，开始描绘记忆中所有的下雨天，她跟同学们玩了哪些只在雨天才能玩的游戏。

她让我想起自己小时候好像也不讨厌下雨，至少不像现在这么讨厌。

小学校舍的走廊，地面是磨石子地砖，那花色不管怎么扫怎么拖，看起来都脏脏的。每逢下雨，千百双沾了雨水的鞋毫不客气在上头踩着跑着，一个步伐叠一个泥脚印，磨石子地看起来更脏了。

雨天的学校没有秩序，尤其放学时间若刚好下雨，路队肯定乱成一团。导护老师拼命吹哨叫大家守规矩，却一点用都没有。“不要弄啦！”“叫风纪记你噢。”“老师！他用雨伞的水喷我脸！”“老师！她踩我。”雨哗啦哗啦地下，小屁孩们推来推去，地板脏兮兮，天空灰蒙蒙，一切乱七八糟。小时候很喜欢雨天那种混乱的感觉，好像可以趁机为所欲为。

长大之后，除非跟暧昧对象在雨中漫步，或者不小心跟休·杰克曼一起困在某个拥挤的屋檐下（只有我们俩），我才有可能因雨狂喜，并祈祷雨越下越大，大到让我回不了家最好。大概除上述两种可能之外，其他所有雨天不论雨大雨小我都讨厌。拥塞的交通、肮脏的街道、不舒爽的双脚、湿漉漉的衣服和雨具……烦烦烦烦烦，一下起雨来，整个人负面情绪缠身，难以排解。

“到底为什么要有雨天啦。”雨天的存在令我真心觉得烦。到底为什么要有雨天啦？一直到开始养花，才又忽然醒悟。

每次下过雨，我的玫瑰就冒出紫红色的嫩芽，没多久花苞便从嫩芽中蹿出，接着蓓蕾逐渐膨胀，时候到了，花就开了。这是只有雨才办得到的事，阳光不能，阳光给它盛开的力量，但只有雨能够唤醒它的花朵。

到底为什么要有雨天？不只我的玫瑰，花园里的每一株植物都懂。只要阳光与雨水轮流报到，整个花园便生机盎然，抽高、冒芽、结花苞、开大花，还有错落的、小巧红润的果实。但阳光与雨水一定得轮流报到，若只有阳光或只有雨水，不消多久，植物们便会一株接一株死去。

负面情绪就是雨啊，排除与抗拒注定徒劳无功，它是让生命得以延续的必要条件。阳光和雨水自有韵律，就让它们做它们的事吧，不用过度担心。晴天是一天，雨天也是一天，晴雨交替是最完美的状态，日子因此能够绵长地“流”下去。但不要忘了，雨是来了又走，走了又来，而太阳一直都在。

# 红帽子

有个故事是这样的：

女人走进服饰店：“先生，我想找一顶红色的帽子。”

“不好意思，我们没有卖红帽子。”店员回应她。

“这里配饰这么多，就算有红帽子店员大概也忘了，我自己找找。”女人继续在店里闲逛但一无所获，她决定改天再来，也许下次就会有红帽子。

三天后，女人再次踏进店里。店员是同一个。她想问红帽子的事却不好意思开口，只好又自己逛了起来。“店里帽子这么多，连这么冷门的鲜紫色帽子都有，怎么可能就没有红色，他一定是留给熟客了。”女人不甘心地又找了一会儿，依旧一无所获。她产生了进一步的想法：“可能因为我跟店员不够熟，所以他不愿意帮我进红帽子，或者，就算有了红帽子他也会先卖给其他人。我知道了，我要跟店员混熟一点。”

女人的结论让她决定在店员面前成为一个更有魅力的

人，让店员更愿意帮助自己。于是她立即着手自我改造，包括修剪头发，购买一支新口红以及增加运动量。女人期许自己容光焕发、魅力十足，让人一看到就想亲近。

经过一周的努力，她感觉身心轻盈美好，一切都在掌握之中，然后自信满满地走进店里。店员确实被她所吸引，而显得比平常更加殷勤。但关于红帽子，他的答复仍然一样："不好意思，我们没有卖红帽子。"

"起码他说抱歉的态度比之前看起来更真诚与愧疚，店员很快就会为我订红帽子了，我感觉得到！"女人自我鼓舞着，对红帽子的事情采取乐观与执着的态度，同时盘算着倘若店员没有为她订购红帽子，她该如何提出要求。

第四次踏进店里，店员一看见女人便热情地问候，像对待熟客那样招呼她。他们俩聊了很多，女人小心翼翼地不主动提及红帽子，她不想让对方察觉自己刻意建立的熟络都是假的，都是为了红帽子，所以她花了很长的时间跟店员闲扯，直到快失去耐心，才故作轻松地问了一句："你们最近有进新货吗？"在女人的想象中，店员应该会从柜台底下拿出一个盒子，然后温柔地说：“这段日子你都在找红帽子，你的期待我全都看在眼里，所以呢，当啷！我帮你订了一顶红、帽、子！”接着从盒里取出红帽子当作惊喜送给她。

然而这段想象并没有实现，店员的回应是：“噢，这几天没有进新货。”

这句话深深刺痛她的自尊。“他甚至连红帽子都没提到！他是故意忽略我要红帽子这件事吗？”她感觉备受羞辱，匆匆忙忙地假装有事，就从店里逃出来，回家之后自己一个人在沙发上蜷起来哭。“真可悲，太可悲了，我是个可怜的白痴，没有人想理我，我要一顶红帽子，但没有人在乎，我是个没人在乎的废物。”女人陷入自怨自艾的旋涡。哭累了之后，她开始幻想，若自己可怜到某种程度，说不定就会出现某个人，想办法弄一顶红帽子来给她。这个念头虽然让她感到愚蠢，但若真的发生该有多好！“谁来给我一顶红帽子啊……”她继续痛哭。

又过了一周，女人没有勇气踏进服饰店，但对于红帽子仍无法死心，便决定到服饰店对面的咖啡厅坐坐。她说服自己今天只是来喝杯咖啡罢了，却无法克制地不停地关注服饰店的动静。某次她低头看表时，眼角余光瞥见一个女人从服饰店门口经过，头上戴着红帽子。那一瞬间她觉得自己的呼吸连同心跳一起暂停了。一股力量紧紧掐住她的脖子，使她动弹不得。她气到肩膀发抖。“该死！那戴着红帽子的女人是从店里走出来的吗？那红帽子是在那该死的店里买到的吗？该死！真是该死！”女人对自己方才的分神气恼到极点，但追上去质问红帽子的来源却为时太晚又太难堪，痛苦的自责蔓延开来，转为愤恨，她相信自己遭到严重背叛。

盛怒之下，女人决定采取报复。“下次找个机会去挖苦那个店员，让他难堪。”“我一定要去别的地方买一顶最漂亮的红帽子，戴着它来到这家店里，让他自惭形秽。”女人咬牙切齿，已完全不在乎红帽子，而只想跟这家服饰店奋力一搏，取回她所失去的时间、期望、付出，以及自尊。

邃密的心思、锲而不舍的意志，为女人铺出一条死胡同。她深信只要自己“够好”，就有资格得到一顶红帽子。而自始至终，都未曾考虑直接采纳第一次踏进服饰店就得到的信息：“不好意思，我们没有卖红帽子。”

这个红帽子故事，来自《自我对话的艺术》（Pamela

E.Bulter 著）一书。作者是一位心理医生，对不同个案重述过多次这个红帽子的故事，每次都在细节上略做修改，以配合个案的心理情境，每一次都颇有效果。

故事中的女人明知店里不卖红帽子，却费尽心力偏要在这家店买到红帽子，而不是直接转往下一家店，且过程中从未直接表明自己的需求，认为只要自己够好，即使不开口要求，渴望的东西也“应该”出现。现实生活中，这样的执着其实无处不在。

红帽子可以是很小的物品，也可以是至关重大的事件，它是任何我们试图用“受害”交换来的东西，它也是我们渴望从一个“没有”的人身上索取的东西。我们其实常常陷入跟故事中的女人同样的罗网，且一旦陷进去，就直直走向死胡同。

比如我们妄想着匮乏又吝啬的老板，会因为我们表现得够好而突然变慷慨，发给我一笔奖金。我们刻意忽视老板本来就是个好剥削的小气鬼，而将焦点错放在是自己牺牲不够。一年一年过去，我们把停滞的事业与收入怪罪在老板身上，规避自己懦弱、不敢离职的事实。我们编织戏码阻碍自己，却怨恨老板。

或者我们遇上一个摆明了不想建立稳定关系的恋人，却一心痴望只要自己够好、付出够多，对方就会为了自己转性。我们不惜用婚约、怀孕来对他施行罪恶感与责任的压迫，最后一切方法皆失效时，指控对方浪费我们的青春，糟蹋我们的感情。又或者，花上一辈子的时间渴望爸爸妈妈满足我们。当我们指控爸妈给予我们的待遇不够好时，不会想到那是因为他们也没有被他们的爸妈好好对待，他们没有被好好尊重过、疼惜过，甚至没有真的被爱过，他们也是无助的，他们给不出他们没有的东西。我们只站在自己的位置上，指控爸妈不合格的行为导致我们受创很深，若不能从爸妈身上取回我们认为自己应得的待遇，心理便无法平衡。如此，一执着便是一辈子。

我们用一顶不存在的帽子阻挡自己前进，或者不只一顶，而是很多顶，不只红色，是五颜六色。老板不给我红帽子、伴侣不给我紫帽子、爸妈不给我黄帽子、儿女不给我蓝帽子……一顶又一顶。如果我们傻傻地卡在这里等待，就没有力量，动弹不得，直到死前最后一刻都还在怪罪别人不给我们帽子。

## “都是他害的”

对大部分的人来说，“受害者”这个词通常只会出现在新闻报道里，生活中鲜少被提及，它似乎是某个与我们有点距离的身份，或者说是我们不希望与自己产生联系的身份。拜托，有谁喜欢当受害者啊？当然没有！噢不，再仔细想想，真的是这样吗？才怪。

我们眷恋受害者身份的程度，其实比我们以为的还要高出很多、很多、很多。

比如今早搭地铁时，被一个匆忙的路人撞了，对方不仅没说对不起，还皱眉转过头来狠瞪一眼。虽不是什么大事，但让人非常不爽。“那个没礼貌的路人害我心情不好。”这时候的我，是一个小小的、暂时的受害者。受害感可能几分钟、几小时之后就消失了，严重一点可能记恨几天。又或者，这无礼的路人让我们想起过去的类似经验：当时不只是轻轻擦撞，而是被撞倒在地，包包里的东西撒出来，手机被路人踩碎屏幕、新买的粉饼摔碎、玻璃水壶裂开，撞人的家伙一声不吭早就消失在人群中，围观的群众还在一旁碎念："啊！包包怎么拉链不拉起来？难怪东西会掉出来……"这就不是几分钟、几小时可以消解的怨念，可能必须在脸书贴文发泄，跟亲朋好友吐苦水几轮，激烈一点则需要向地铁管理局要求赔偿，要不到赔偿好歹也找个人来咎责与泄愤。

如果刚好过往有类似的、更大的创伤被引发，受害感就会加倍膨胀，然后我们就会启动机制，让自己稳稳站上受害者位置。生活中其他的我继续过生活，但这个事件中的我，就这样停在这里。撞到我的人早就消失，但我在心里一次又一次被撞倒，感觉好衰、好受伤……

**"某个人让我受伤了。"其实这么简单的想法，就会让我们成为受害者，而且有时并不太想离开这个身份。**不仅是人能使我们受害，一个东西、一个事件，都能使我们受害。而受害从来就不是独角戏，它必须搭配至少一个迫害者以及至少一个拯救者才成立。

几年前我曾看过一个很有意思的三角形理论，叫作"卡普曼戏剧三角形”，三角形的三个顶点是拯救者、受害者、迫害者。各顶点并非固定的，而是会轮替。也就是说，一旦我坐上了三角形，便会在受害者、迫害者、拯救者这三个角色当中流转。

想象起来好像有点复杂，但套用到自己的生活中，其实很好理解，尤其在关系中，信手拈来就是一堆三角形关系的轮回。

比如我们都很爱改造伴侣，使其更贴近我们理想中的样子，衣着、品位、饮食习惯到人格……全都值得下手。我们相信自己可以让伴侣成为一个更好的人，此刻的我是“拯救者”。经过很多努力，伴侣始终没有达到我的标准，我很伤心、委屈，觉得自己可怜死了，心血都付诸流水，很想学电影《美食、祈祷和恋爱》（*Eat Pray Love*）里面的朱莉娅·罗伯茨那样跪在地上哭两下，此时的我来到“受害者”的位置。

转头看看伴侣，唉，这窝囊废是不会有任何改变了，想着想着心有不甘，决定来点报复，可能是给他脸色看，做些让他难受的事，或者离开他，惩罚他，此时我前进到“迫害者”的位置。

伴侣被我惩罚之后，看起来好惨，我突然心生愧疚。嗯，好吧，我收回我的恶毒，重新当他的好伴侣。也许上次方法不对，这次换个方法试试看，他会改变的，一切重新开始吧，此刻我重新登上“拯救者”宝座，三角形轮回也重新启动。

再来个例子。比如朋友向我借钱，还说若筹不出这笔钱就会横死街头。我赶紧拿了一笔钱给他，帮他渡过难关，我是“拯救者”。过了一阵子，朋友熬过险境，我去探望他，关心他，顺便叫他还钱，他竟然说没钱还我，但车库里却有一辆宝马，他手上戴着劳力士手表。我当初为了借钱给他省吃俭用了一阵子，没想到他有钱之后只顾着吃香喝辣且没打算还钱，我气炸了，我成了“受害者”。回家气了三天，我决定再度登门造访，但这次是去揍人的，我把他打得歪七扭八，我是“迫害者”。朋友良心发现，亲自把欠款拿来还我，我得救了，钱回来了，谢天谢地，朋友成了“拯救者”。

这个例子还有另一层面值得一提，其实借钱给朋友的当下，我已经把朋友放在“迫害者”的位置，因为这笔钱要是拿不回来，我会感觉受害，所以从借钱的那一刻起我已是受害者，而朋友是迫害者。曾有人说，借钱给朋友最适当的金额，是即使讨不回来也不会心痛的金额，就是基于这个道理。当我们不会受害于这个金额，才能把钱借出去，否则这段关系就可能会毁掉。

从三角形理论可以看出，“受害”这件事其实没有我们想象的单纯。于外，受害者随时可能转为迫害者或拯救者；于内，受害者会把自己无法更好归咎于某个事件、某个人或某个东西，而无意识地规避自己的责任。很多人听到责任，便以为是在要求受害者承担一部分“引发事件”的责任，比如提及性侵，永远有人怪罪是女方穿太少、太随便，此说法既愚蠢又粗暴，我所指的责任不是这个。

对受害者来说，迫害者如此恶劣，最好去死，或者至少此生都不要再让我看见。但事实上，即便迫害者真的死了，他也还是活在我们的生命里，因为受害者很容易无意识地回放受害事件，一次又一次对自己或他人重述。明明是巴不得从生命中剔除掉的人与事，为什么要一直回放呢？因为我们心有不甘，想被平反、被安抚、被补偿啊！接着便开始等待，等待一个完美的日子，发生一个完美的事件，让这一切过去。在补偿被圆满之前，我们会持续不断地聚焦这个受害故事。这就是最残酷之处，那个人应该早早死去的，可是我们却给了他权利，还给了他力量，让他活在我们的生命里。

于是生命就此耽搁。

你说，人生怎么会这么难？怪罪迫害者也不行，活着还有什么意义？可是怪罪他，就给了他一个位置，让他阻碍你。当我们愤愤不平地认为人生之所以没办法更美好“都是他害的”，我已赋予了迫害者一个无与伦比的地位，他从此有权决定我能不能走上我想走的道路，甚至决定我能否拥有幸福的一生。“不诅咒他、不报复他，难道就要这样放过他吗？”也不是，恶人必有恶业，与他结怨之人必不少，宇宙自有“回馈系统”，他早已活在惩罚之中。对于迫害者，我没有要他死也没有要他活，我只要他“挡不了你”，你可以勇敢地说：“你谁啊？你有什么能耐毁坏我？没有这回事，我大过你，你挡不了我的。”

我们唯一的责任，是活得美好。这也是我们在受害的时候唯一需要咎责的事，就是扪心自问：我是不是允许这个人或这个事件剥夺我的美好？如果忘记这样问自己，忘记去看见自己在事件中也是有力量可以做出选择的，很容易就这样“陷下去”，失去人生。而且受害不会只是单一事件而已，它会变成一种模式，我们会渐渐习惯在挫败中选择受害者身份，一步步失去生命的主控权。也因为我们总是选择停留在受害阶段，所以我们会“召唤”一个又一个的迫害者来到生命里，配合我们演出。当一个人抱怨工作团队里有个白痴，那么他肯定总是遇到白痴，因为他内在有个“与白痴共事”的模式；一个恋人抱怨另一半是渣男，那么她前后任极有可能也都是渣男。这就跟在家里看到一只蟑螂，表示家里至少有两千只蟑螂一样，浮出台面的只是小信号，真正促成事件的，是内在的大冰山。

世上恶人多的是，杀了一个，还有千千万万个，就看我们是要选择当个追着恶人跑，见一个杀一个的杀手，还是当个笔直朝向愿景，勇往直前，没人挡得了的战士。

受害是稀松平常的事，无时无刻不在发生，我们不需要创造零受害的完美世界，而是要练习让它过去。受害了，可以哭、可以碎碎念、可以堕落、可以找朋友取暖……为期多久自己决定， 只不过在这些哭爹喊娘的背后，心中始终保有一份笃定：“没有任何人任何事物挡得了我的愿景、我的美好。”然后，看着眼前的受害，让它过去吧！

# 召唤内在美好的炼金术

我的第一本书《百吻巴黎》中，有一位法国籍摄影师叫作巴蒂斯特。见到巴蒂斯特本人之前，我凭着他信中写的“在世界各地拍照”这条线索，把他想象成神奇女侠之类的角色，总觉得能在世界各地拍照的人，应该身手矫健、沟通能力极强、见过大风大浪而魅力十足，做什么都游刃有余，且多情性感。但见了面之后，发现他竟然安静、害羞，而且是个男人。

巴蒂斯特的魅力就在于他的安静，他的安静不是话少，他很健谈，跟他聊天很愉快，但他的安静是一种氛围，巴蒂斯特拥有一般人少有的内在和平。无论眼前环境资源匮乏或充裕，巴蒂斯特都能够尽力发挥且极有效率，从没听过他嫌东嫌西，永远笑眯眯的。最后一次一起拍照那天，我告诉他：“巴蒂斯特，跟你工作的感觉，就像在天堂里喝下午茶。”

他微微一笑，没多说什么。

像巴蒂斯特这样的人，是真正的强者。他们可以接纳任何事，很少人、事、物能使他们受限或受害，有种“兵来将挡，水来土掩”的大器。他们通常也会是领袖，且散发慈悲的气息（巴蒂斯特就颇慈眉善目）。他们配得很多很多的尊重、支持与协助，因而强大；而强大之后，则能够给予更多更多。这是一个丰盛的循环。

在巴蒂斯特之后，我陆续又认识了很多这样的人，越来越确定，这就是强者的样貌。我想要有一天也能到那个位置，那个有很多爱可以给予的位置，但目前还在路上。我现在的爱大概只够给可爱的人而已，遇上不可爱的人还是一心觉得：你给我滚。比如那种内心匮乏、很无能、整天怪罪全世界、推卸责任的工作伙伴，实在是想爱也爱不下去，根本只想摆脱他。若非得跟他们合作，我会觉得自己很倒霉，一边共事一边暗自埋怨，时不时就害怕被他们拖累。

即便对自己的厌烦情绪很坦然，我内心深处仍很清楚，摆脱一个或者一种我不喜欢的人，最根本的方法就是接纳，否则依据创造法则，他们只会出现得越来越频繁，且惹恼我的力道还会越来越大。毕竟抗拒也是一种召唤，他们接收到我对他们的抗拒，就会不知怎么搞的莫名想来找我，很爱来、一直来、没事就来、来到欲罢不能。唯有收回这种投射，循环才会完结。

真正的强者是不怕团队里有人坏事的，因为他们很清楚自己有方法让任何人都变好，好到足以胜任他所交托的事。那个方法说神秘很神秘，但也不是什么复杂精细的步骤，就是“召唤出一个人内在美好”的能力。

每次在一旁观察，都叹为观止。因为大部分的人遇到这种领袖，都会想要拿出自己最好的一面。即使是我刚描述的那种不负责任的拖累精，来到这样的领袖面前，也能够成为有所贡献的人。说白一点，蠢货跟我一起工作，只能是蠢货，因为我如此自以为是，我如此愚蠢，蠢货跟蠢货配在一起刚好而已；但蠢货在强大的领袖那里，会变成有用又美好的人，因为强大的领袖可以召唤出一个人的内在美好，每个人到他那里，价值都会翻倍。

原来，**强者中的强者，根本不需要煞费苦心寻觅对的**

**人、事、物，而是任何人、事、物来到他面前，全都会变成对的、美好的、价值连城的。**

这才是人世间真正的炼金术啊！

# Part2
# 可爱的身体

亲爱的女生，
站在镜子前的我们，
总是在乎好看与不好看，
却很少想到：身体是我们第一个闺蜜，
没有她的支持，我们哪儿也去不了。

## 红毯上的肤浅?

某天下午开车时，听到广播主持人抱怨奥斯卡红毯上的性别歧视，他说女明星在红毯上常常只被谈论穿着，但男明星就会被关注演技跟电影。“为什么女明星就不能被问一些更有内涵的问题？为什么女明星永远都只被问那些肤浅的穿着问题？”

听到广播主持人义愤填膺的抱怨时，我第一个想到的是那些礼服跟配饰的设计师。我在想，他们的大作在全球最受瞩目的伸展台之一，也就是奥斯卡红毯上风风光光地登场，这本来就是值得大书特书、大问特问的焦点，却被说是“肤浅的穿着问题”，不知道设计师们会不会感到很失落、很伤心？

这些明星的一身造型从无到有，到最后踏上奥斯卡红毯，是多么了不起的事，其中得动用多少人的天赋才华，服装设计师、裁缝师、珠宝设计师、珠宝制作师、鞋子设计师、制鞋师、包包设计师、制包师、发型设计师、彩妆师……数不清的大师才能成就一身造型。而最重要的，是要找到能够驾驭这一身的人。这可不是“美女穿什么都好看”这么简单，想象一下，很美的詹妮弗·劳伦斯跟很美的凯特·布兰切特交换礼服穿，两个人都会走样。

不仅如此，“人穿衣不是衣穿人”是铁律，要能衬得起这么一套集合所有大师之作的装扮，女明星付出的心力是难以估量的：气质、个人特色、鲜明的形象、身材、肤质、肤色、脸蛋、名气……全都要到位。这些从来就不是“长得漂亮”便可涵盖的，一个女明星在奥斯卡红毯上的穿着，背后的细节全是了不起的专业与才华，所有环节都极有深度。

我一直在想，为什么广播主持人以及其他人，会认为在红毯上谈论电影是有内涵，而聊穿着就是肤浅呢？有人说，因为奥斯卡是电影颁奖典礼，不是服装设计颁奖典礼，所以红毯要谈电影才高尚，问穿着就失焦、肤浅。这听起来似乎很有道理，但红毯访问时间那么短，明星那么多，主持人常常只是闲扯几句，开个玩笑就过去了，真的那么渴望深度访谈，在网上寻获的概率铁定比红毯高出许多，关于角色的访谈视频外加心路历程，资料要多深有多深，要多浅有多浅，我们又何苦指望红毯上的那几秒？或许真的有人期待在红毯上听见、看见深度访谈，但大部分的人都是想在这条星光大道上，目睹一个平时在银幕上帅或美到“天地不容”的人，顶着明星光环，穿戴名贵的礼服与配饰，做出跟我们一样平凡甚至庸俗的事情，比如打喷嚏、开个玩笑或跌倒，一方面产生“原来明星也是人啊”的平衡心态，另一方面又忍不住欣羡他们怎么会连做如此平凡的事情，都依然迷人。

电影《穿普拉达的女魔头》里，安妮·海瑟薇饰演的安德莉亚，顶着西北大学毕业的漂亮履历，自认有头脑、有深度、有格调，对时尚抱持着不屑的态度。她一进公司，就在午餐时对同事奈吉尔说：“我不会一直待在时尚界，又何必为这个工作改变自己？”安德莉亚对于其他同事追求纤细身材、讲究衣着的行为感到不屑。也许是见多了像安德莉亚这样自以为是的人，奈吉尔只是挑挑眉，酸她：“噢，（时尚）这个数十亿产业的核心，就是‘内在美’，是吗？”

不知天高地厚的安德莉亚，甚至把轻视时尚的态度带到老板米兰达（也就是穿普拉达的女魔头）面前。当米兰达与其他同事很认真地在两条皮带之间做选择时，安德莉亚竟然“扑哧”一声笑了出来。

米兰达：“有什么好笑的吗？”

安德莉亚：“那两条皮带在我看来都一样。我还在……努力学习这些‘玩意儿’。”

米兰达：“这些‘玩意儿’？”

米兰达扬起下巴，把安德莉亚从头到脚打量了一番。“噢，OK，我懂了，你觉得这一切跟你毫无关系。今早你走向你的衣柜，然后选了那件，怎么说呢……”

米兰达指着安德莉亚：“臃肿松垮的蓝毛衣。借此让世人知道，你多么有深度，有深度到不需要在乎自己的装扮。但你不懂的是，这件毛衣不只是蓝色而已，它既不是土耳其蓝，也不是宝石蓝，它是天空蓝。

“当然，你更不可能知道奥斯卡·德拉伦塔在 2002 年的时候设计了一系列的天空蓝礼服，然后我记得……伊夫·圣·罗兰，没错吧？伊夫·圣·罗兰接着推出天空蓝的军事风格夹克。

“之后，天空蓝马上出现在其他八位设计师的系列作品里，接着又流入百货专柜，最后沦落到那些可悲的休闲服专柜，而你，从特卖花车里把它翻出来买走。

“总之，那蓝色代表数百万资金和无数的工作，而你却可笑地以为穿这件毛衣可以让你显得与时尚毫无瓜葛，事实上你穿的，是这个房间里的人从这堆你所谓的‘玩意儿’之中，老早就替你选出来的。”

时尚已是个成熟且庞大的全球性产业，但它对很多人来说，不过是“让爱漂亮的肤浅女人更加盲目追求美貌的愚蠢行业”。奇妙的是，对时尚嗤之以鼻进行批判的，常常是那些对时尚一窍不通的人，就像安德莉亚。安德莉亚在自己的研究领域十分负责且专业，但遇到时尚，即使完全都不懂，却不觉得任意轻蔑它有什么问题。

“漂亮的女人”一直以来都被当作简单肤浅的对象，就连漂亮的女人本身都忙着撇清自己不只是漂亮而已，还有其他更正经的才华，更高尚的长处。但“漂亮”这件事从来就不简单，更不肤浅。很多人以为模特儿只要长得漂亮，再节食成为排骨精就好了。不是这样的，要能够在镜头前展现自己，背后要学要练的各种窍门可多了，还有数不清的挑战与锻炼，它就是一项专业，而且门槛还很高。

扪心自问：当我们在批判“红毯主持人访女明星衣服不访电影”很肤浅的同时，对于主持人跟明星话家常、闲扯、开黄腔， 也同样感到肤浅而不满吗？是不是只有问到服装，我们才觉得这个主持人没深度？我们是不是也跟安德莉亚一样，掉入二元对立，认为深究知识是高尚的行为，聚焦美貌则很肤浅？

两个女孩都拥有一百块，一个拿去买一本书，另一个拿去买了一支口红，大家都说买书的女孩比较棒。

但**知识是力量，美貌也是力量**啊。为了拥有美貌的力量，也得学习很多的知识，付出可观的努力，有什么好肤浅的？是谁在定义肤浅？是谁在贬低专注于美貌的人们？是谁在歧视？歧视什么？

别瞧不起热衷美貌的人们。拿一百块买一支口红的女孩，可以用这支口红做到多少事，你不会知道。

## 装扮的魔法

“有没有哪件衣服，你只要穿着它就觉得自己美毙了？”有，我有几件洋装。洋装本身没什么特别，但每次穿上它们，就觉得自己超美。好像衣服的意识跟我的意识合一似的，我知道它会让我美一整天或一整夜，而且绝对不会扯我后腿。一种奇异的信任感。

还有几件礼服。有次去闺蜜的公寓玩耍，聊着聊着我开始乱翻她的衣柜。“我问你，有什么衣服是你不管穿去哪里都可以很自在的？”

她竟然回答：“演出服。”我听了先是大笑，觉得她很疯狂，但立刻就发现我也是。我曾经穿着长及脚踝的礼服搭高跟鞋去逛士林夜市。那一身装扮前不久才出现在学校音乐厅的舞台上，下一刻却在摊贩与垃圾堆之间穿梭。我穿礼服比穿运动服还自在，因为礼服属于我，运动服不属于我。

事实上，我的衣柜里完全没有运动服，礼服却很多。音乐系女生衣柜里一定会有的就是全套黑色演出服，以及长及脚踝的礼服。全黑演出服款式不限，只要黑色即可，通常在管弦乐团演出时派上用场。个人独奏会与室内乐演奏会时，才出动长及脚踝的礼服。长礼服的颜色与款式很多变，演出者之间会约好一个着装规范，免得在台上看起来乱七八糟。上次我跟闺蜜演出双钢琴，两人就约好了都穿鱼尾长礼服，她穿深咖啡色，我穿黑色，美得要命。

讲到黑色，我有个朋友的衣柜里没有黑色，她拒绝穿黑色，因为色彩学老师说黑色是最没有能量的颜色。可是这个最没有能量的颜色却给了我最多能量，我穿黑色就是爽，就是美。尽管一身黑常被嘲笑像是要去参加丧礼，或被长辈念年纪轻轻却穿得死气沉沉，我依然时不时就穿全黑演出服出门，就算没演出也照穿。

穿上黑色的那种爽很难具体形容，不全然是觉得自己美所以爽，而是觉得自己“什么都是”。黑色给我的第一个印象是优雅与荣耀，因为我从小就穿着黑色礼服上台演出，后来渐渐也体认到黑色的肮脏与绝望，体会到那所谓的阴影。光照不到之处就形成阴影，阴影虽然看起来是黑色，但它其实什么颜色也没有，它只是阴影，它是没有实体的幻象，却无所不在。黑色诚实，无所回避且包容，它是所有颜色最终的归属，也是一切的重生之处。

去巴黎之后，除了黑色，还多了个红色也让我很爽，自从某天下午在巴黎某个试穿间里穿上第一件红洋装起，我就开始疯狂试穿各种红色的衣服，直到找到属于我的红色，是血一般暗沉的红色，紧接着的是酒红，再来才是正红。

想想很神奇，红色有那么多种，但唯独血一般的暗红色可以帮我把内在权威展现得恰到好处，让人信任我、尊重我，却不会畏惧我，反正就是神奇，而且美。除了血一般暗沉的红色、酒红色、正红色，我心情异常飞扬时，也可以驾驭珊瑚红，但仅限于那个心理状态，不飞扬就没办法。砖红色，是想要扮演“潜伏于平凡日常中的女神”的最好选择。至于橘红色则完全无法穿在我身上，粉红色勉强可以。

小时候看灰姑娘的故事，对开头与结尾都没什么感觉，但中间的变身桥段却让我深深着迷，超级羡慕灰姑娘有神仙教母帮她变身。长大之后，我自己就是自己的神仙教母，走进更衣间就能变身；有时候也跟姐妹淘互当神仙教母，帮彼此变身。

装扮的魔法就像动画片里那样，闪亮亮的金粉随着曼妙的韵律，落在允许自己美丽的人身上。这魔法比任何维生素或营养品都还有力量，能让人精神饱满，步伐轻盈想跳舞，让原本讨厌的坏人因此没那么坏，让丑恶的东西也不再那么恼人。

衣服、发型、配饰、妆容……互相调配作用，迸发惊人的效果，超好玩的。比如我那件酒红色的贴身针织短洋装，长头发时穿它，就像一周三次跑音乐厅欣赏演奏会的贵妇，但搭配极短发型，竟然有点朋克感。同一件洋装甚至同一个妆容，换个发型竟然就换一种风格，红色洋装因此进入了它的平行时空，在这里是一个扎着发髻的优雅女士，在那里是一个爱皱眉的叛逆少女，肯定还有其他时空等着被掀出来。

装扮能决定一个人看起来是正直或狡猾、甜美或艳丽，甚至常常成为事情成败的关键，但它的影响力往往被低估，因为大部分的人并不会察觉，或者说不愿承认自己被装扮迷惑与拐骗。而女孩很懂这种漏洞，在被轻蔑与忽略的缝隙中秘密夺回主权，呵呵。

穿对衣服，就像披上战袍。演出服、礼服、洋装，黑色、红色……“有没有哪件衣服，你只要穿着它就觉得自己美毙了？”有，我有好几件这样的衣服。但这份清单一直在改变，我可能现在穿这件感觉很有力量，不久之后却不这么觉得了，没办法，我善变，衣服当然也得跟着我变。

最后，不管什么款式什么颜色，我只能穿裙子，无法穿裤子。你呢？

# 少女力

几年前在网上看到一个女生参加《美国忍者战士》体能极限挑战电视节目，顺利过关了。那时候我边看边哭，她都还没过关呢，我却已经哭惨，如今再看还是一样，不到两个关卡我就激动得落泪。

那是一个娇小漂亮的女生，身高不到一米五，体重大约45公斤，全身肌肉结实流畅，看上去很纤细。她出场没多久，就把主持人、现场观众以及电视机前的人们，吓得一会儿捶胸，一会儿抱头尖叫。

绳索、滑竿、渡桥、耸立之墙……那些壮汉大叔龇牙咧嘴也难以突破的关卡，她身轻如燕地过去，她当然有努力也有用力，但看起来就像长了翅膀的小精灵一样轻松又优雅。

场边有个长得像《全美超模大赛》评审奈杰尔·巴克的帅男人，比其他人都激动，那是她男朋友。他们一起参赛，但男友被淘汰了，此刻是她上场闯关，男友在一旁铆足劲加油。哎呀，真开心，连看体能极限挑战的节目都可以看到爱情故事，而且是这种男友全力支持女友的戏码。

我落泪，是因为见她如此纤细，漂亮又强壮，越看越感动：少女就是这个时代最强大的生物啊。

旧时代思想的女强人必须孔武有力，必须魁梧，必须像个“大”人物，甚至可以说像个“硬汉”：一个有胸、有阴道的“硬汉”。由于长期被迫屈服于男人，有太多的血汗无法释怀，于是她们立誓，走男人走过的路径，站上男人的位置，再将男人狠狠地比下去，才能尝到胜利的滋味。她们认为，女人若拥有姣好的外在是便宜了主要观看者，也就是男人，所以必须拒绝美丽，摒弃性感。此外，渴望谈恋爱就是渴望被男人满足，想依赖男人，所以她们也不屑谈恋爱……旧时代的女人，她们靠赢过男人来获得成功。

然而现在不再是那样了，少女没有要比男人强，少女迷恋男人甚至迷恋任何人，包括自己。她们与怨恨男人的时代已有些距离，不再认为美丽的外貌必是为了男人而存在，少女们装扮大多是为了自娱或与其他女性争艳，男人是否懂得欣赏已不再是最重要的。

少女喜欢恋爱，或者说喜欢恋爱的“感觉”，她们是自己爱情故事的编织者，即使只是沉浸在幻想里也无所谓。就像日剧《交响情人梦》里，野田妹在草皮上跳着暗恋千秋学长的舞，而巴黎铁塔为她喷出卡通花朵，战神公园瞬间变成可爱动物区；又像韩国欧巴的见面会，年轻的女粉丝千里迢迢跑去，结果只看了一秒就心跳过快昏倒在地。

少女的眼睛一眨，世界瞬间被粉红泡泡包围，这就是创造天堂的能力，而且不必通过战斗。

我们好不容易从体力走向脑力，然后来到心力。**女人的强大，不再靠血泪与牺牲换取，也无须通过竞争体现，而在于展现“可爱”。**可爱将大家都包括进来，你我都被融化了。可爱的人不使用权威压倒谁，却把所有人“电”得服服帖帖，就像体能极限挑战节目中那个娇小女生，她甜美无害，却打趴一票壮汉大叔，还让这些壮汉大叔为她痴迷。

如今是少女当头。天真无邪、可爱、娇弱都不再被看作是不成熟的过渡阶段，并没有要过渡到哪里去，也没有要成为强悍的大人物，而就是这个像小孩一般的阶段，最纯真却最有力量。

女人即便褪去铠甲，依然那么有力量，且那力量让人生，不让人死；召唤感动，不召唤战争。我盯着屏幕上少女般的挑战者，越过重重关卡，叫人啧啧称奇。老天真的给予女人好多。我又落泪了。

## 遮“羞”

很多人觉得女生上厕所好麻烦，为什么麻烦？其实答案很简单，想象一下女生上厕所的景象，要认真想，画面越真实越好，如果你想着想着，开始觉得有点难为情，无法直视脑海中女生尿尿的画面，忍不住想逃避或抗拒……那么请好好体验这个感觉，就是这个感觉让全球女性“上厕所受限”，也让全球女生上厕所好像比较麻烦。

可能有人通过刚刚的想象就已经秒懂问题核心，但我仍忍不住想解释一番。先从上厕所的姿势来看，女生尿尿并没有麻烦到哪里去，蹲下去就可以尿了有什么难的？如果是穿裙子更方便，连拉拉链的时间都省去，到底是哪里比男生麻烦？

麻烦在于女生上厕所必须“遮羞”啊！遮羞！

这样的麻烦来自一个概念：女生用来上厕所的器官是除

了丈夫以外，连自己都不可以跟她“太熟”的部位，所以女生尿尿一定要躲起来，所以女厕一定要隔间。男生上厕所被隔壁的看到，似乎是稀松平常、合理、完全不可耻之事，但女生尿尿露出阴部，就算只是被一起来上厕所的女性路人甲看见，也是相当难没有羞耻心的。

就是因为这样，女厕必须隔间，所以同时间的使用人数一定比男厕少。一样的面积，男厕可以塞十个小便斗，女厕大概只能容纳六七个隔间，所以女厕的翻桌率，噢不，是翻桶率当然比较低，就容易大排长龙。妙的是，大部分的女厕都是男生设计的，非常难用。有些隔间窄到尿个尿都会鼻头顶前壁、屁股顶后壁，也太辛苦了。

夏天衣服轻薄就算了，冬天衣服厚重，裹着大衣脱裙子，裙子脱完脱裤袜，好不容易脱掉了却发现厕所窄到蹲不下去，这种厕所就是在整女人无误，此刻当下若发现墙上没挂钩让人挂包包，出了厕所第一件事绝对是投诉。不能怪男设计师坏心，毕竟他没有对隐私部位的羞耻枷锁，无法设计出符合女性需求的厕所，不是他的错。总之，不贴心的设计加上很少的隔间，就是女生上厕所比较麻烦的困境。

另外，还有个深层隐晦的原因让女生上厕所又慢又麻烦，就是“怕脏”。很多女生进厕所总是蹑手蹑脚，超怕沾到屎尿，有些女生甚至自备酒精整个隔间擦过一轮才敢上厕所！相较于男生，女生对污物的接受度更低，为什么会这样呢？有兴趣的人可参考《豪爽女人》一书中《小不便——性压抑的日常运作》：

“女人很早就学会了有关小便的一些观念。其中最重要的，不是（男人通过小便所学到的）力量和竞争，而是羞耻和不洁。

“小便是个极为普通的生理活动，但是这个生理活动在女人的生理条件下必须暴露她们时时遮蔽的身体部位，需要接触到平日被警告是可耻污秽的身体器官，因此，一件稀松平常的例行活动就在这个时刻变成引起女人高度关切的情绪性事件。

“除对小便感到羞耻之外，我们教养女人的方式也使得她们厌恶这个十分自然的生理活动，在日常生活中以洁癖的方式表现。

“女人怕脏、怕湿、怕黑、怕没厕所可用、怕人偷看，她日常的大量精力投注在各式各样的忧惧焦虑上，她为自己的行动举止设限，在这样的境况中成长的女人当然会显出脆弱退缩的特质来，这是我们社会文化养成的心理模式，不是什么‘女人天生如此’。”

综上所述，大家可以发现“女生上厕所比较麻烦”背后的原因至少百分之九十五是外在环境（文化）造成的。如《豪爽女人》书中所述，女生尿个尿还得穿越一堆内外阻碍，在漫漫人生的排尿活动中，至少有一半会感到生为女体的挫败，但这明明不是女性的错。

“当女生好麻烦噢，如果可以选，我才不想当女生。”“女人真命苦。”每次听到这样的自怜与哀叹，我都很想大叫：“我不准女生这样想！不准！”我们怎能把这样的挫败归咎给阴道，或者说整组性器，她（们）是无辜的。大环境扣了莫须有的罪名给阴道，说阴道耻耻羞羞又脏脏，但我们，也就是阴道的拥有者，可以选择不接受这罪名。阴道麻烦是你在讲，不是我在讲，大环境不应该让女人为自己的性别背负罪恶感。

除了改变罪恶的心理状态，女生上厕所的麻烦，其实是有解决之道的。现在新建筑规定男厕和女厕数量比是一比五，遇到不符合比例的建筑请投诉不必客气。投诉、参加捍卫女性权益的游行、自己成为设计师……这些都是改善厕所方便性的途径，但问题根源终究在于你怎么看待你下面“那一整组”：子宫、卵巢、输卵管、阴道、阴唇、阴蒂……你跟她们熟吗？要好吗？是常常觉得拥有她们真好，还是一天到晚嫌弃她们？

如果你惊觉到自己长期以来都胳膊肘儿朝外拐，对她们很坏，没关系，回头是岸，好好跟她们重新联结、搞好关系，把她爱回来，永远选择跟她站在同一阵线。以后再有人骗你说女性的生殖器官又羞又耻又脏，你，已不会轻易上当。

## 自己愉悦自己

常有少女跟我分享秘密，关于穿搭啦，友谊啦，讲伴侣坏话啦，面试或工作干的糗事啦，或是自慰被抓包……

不知道为什么，讲到自慰被抓包，抓包的人总是妈妈，可见妈妈真的很爱突然闯进女儿的房间，而女儿也很厉害，总会刚好忘记锁门。被抓包的下场往往不是一顿骂就是一顿打，但被处罚的女儿们全都不是省油的灯，没有一个就此停手，只会越来越顺手。

越压抑越需要解放，真理无误，但用什么心情来解放呢？怀抱着罪恶感？还是耸耸肩觉得管他的呢？一般来说，妈妈是我们生命中如此重要的人，被妈妈骂而心生愧疚是再正常不过的反应，于是大部分自慰被抓包的女儿，此后每次自慰都会觉得自己很糟糕、很肮脏，但又不想舍弃自慰的快感，就这样反复纠结，将性与罪恶感联结，并在里头浮沉。

其实并非所有自慰被抓包的女儿都走上罪恶感之路，我遇过几位神奇少女，就创造出不一样的故事。比如某奇葩，自慰被妈妈抓包时，妈妈一边狠狠揍她一边逼问：“你是跟谁学的？”当时被妈妈这么一问，她不禁困惑了起来：自慰为什么要学？她说多年来每次想起这件事，都不由得感到同情。

“妈妈竟然会认为自慰是需要跟别人学的，想到她可能一辈子都没享受过情欲，就觉得好可怜。”

“但却偏偏是这些没享受过情欲的女人，喜欢剥夺自己女儿的情欲自主。”奇葩补了这句。我不禁为她拍手叫好，太开悟了！她不仅没有被妈妈的打骂蒙蔽，没有随妈妈起舞而厌恶自己，还能发现妈妈的恐惧与匮乏。这可不是乐观而已，而是内含超高智慧，能拥有如此清明的心，绝对上辈子、这辈子都积很多善业。

但平凡如你我而非奇葩，多少对性都有些罪恶感，而这个罪恶感到底是怎么来的？其实比你想的更平常，比如说，在我们还很小的时候，穿裙子坐没坐相，大人们一个鄙视的眼神抛过来，种子就种下了。功课没写好，考试考太差，打破了杯子……这些错误跟穿裙子腿开开被瞪完全是两回事。穿裙子腿开开被瞪是全然莫名其妙的，大人们自己也说不清这动作哪里错了，却对此摆出极尽尴尬的神情，那种尴尬是在别的事情上不会出现的，十分诡异。而被瞪的我们，好像不小心做了败尽家荣的事，错愕、困惑又无助，只知道裙子里的东西等于羞耻，不能见光、不能露出。

小小的种子日后会长成什么样子，取决于亲近的人用什么来灌溉它，以及我们自己怎么照料它。最终，种子可能长成恶劣却稳固的大树，让我们一辈子厌恶自己，也厌恶性；或者中途夭折，我们便得以用同一片土地孕育出其他果实。

成长时期对性的罪恶感使很多女生就算已经有性经验，仍无法自慰。就是内心有一条淫荡之河渡不过去，觉得做爱是一种必然的、不可避免的、为了顾全大局的壮举，但自慰则属于不折不扣的淫荡私欲，万万不可。怎么能让自己这么舒畅呢？一定会受到惩罚，我将被贴上不洁的标签、我人生的污点多一项、我坏掉了，各种顾虑、各种抗拒。

这是个离奇的误会，真心建议大家直接用行动来解开谜团，今天洗澡就试试看，看看会受到什么惩罚。如果真的一时难以跨过内心的障碍，可以试着告诉自己，“我真的很想要探索自己的身体”。接着休息几天，等心情平静一点再试试。若还是有所恐惧，就再等等，再次告诉自己，“我真的很想体验这种喜悦”。多尝试几次，小小心愿既无伤天害理又没杀人放火，不过求个自娱，绝对值得被宽恕和应允。

小时候，我们会因为各种事情被大人判了羞羞脸、无耻，至此几十年来对性都无法自在。现在长大了，已有能力重新选择，那么做出更舒服的选择吧。爽就勇敢地爽，无感就诚实地无感，兴致来了便自己愉悦自己，借此体验全新的人生。

另外，做爱归做爱，自慰归自慰，是两码事。做爱比自慰复杂，尤其在亲密关系中，性很多时候是一种索取跟交换，且对象不同引发的情绪就不同，原本是一场性的感官飨宴，最后可能变成双方检讨大会。自慰则单纯多了，独角戏爱怎么演就怎么演，趁这个机会去体验自己对性、对身体最真实的感受。不论对象是别人还是自己，性都是很深层的体验，它需要真实作为基础。**真实是超越对错的，只要我们**

**敢真实，心中那位罪恶感暴君，将会逐渐失去左右我们的力量。**

不过是自慰罢了，别花心力愧疚。当下就勇敢承诺：自己的感官自己取悦！快去布置一个神秘柔软的圣坛，带着你的身体还有你的欲望，一同前往吧。

## 保鲜期

关于生产，常有人说女人的身体是有保鲜期的，不赶快趁年轻生一生，年纪大了会不好生，生完身材也不容易恢复。而那保鲜期，通常指的是三十岁之前。

保鲜期的概念本身不惹人厌，它只是在表达人总有衰老的一天，但拿这个概念来催促女人生产就很惹人厌，好像全天下女人的子宫都该要充公、要以国家兴亡为己任、都归你管似的。没错，女人如果都不生育，人类确实会灭亡，所以要不要考虑对女人恭敬一点？女人快乐、健康有活力，就容易受孕且更甘愿生，生了也比较有心力养。想提高生育率，要不要考虑先提高女人幸福指数？想管子宫，好歹也用这种方法才像话吧。

再者，保鲜期虽是个概念，却是谜一般的概念。毕竟每个国家、每个人衰老的速度都不一样，要怎么说几岁就过了保鲜期？六十几岁顺利自然产的产妇，保鲜期显然颇长；二十五岁就焦虑青春渐逝的，也大有人在。

若我们跟自己的身体没什么联结，就会轻易跟随别人的说法。听人讲女人三十岁后会不好生、会丑、皮肤会老化、胸部会开始下垂……听多了会怕，怕久了就信，信了就如实“创造”了。

我三十五岁时生第一胎，算高龄产妇，生产很顺利，生完两个多月身材恢复得跟生产前差不多。我没运动也没有绑束腹带，我只是不把自己当成过期的人，加上一直以来都觉得自己到死都是少女而已。

有人听了我的生产经验，觉得“那是你运气好”，然后不相信自己也能受到幸运之神的眷顾。可是很奇怪，不相信自己运气好的人，大多都很相信自己运气差，同样都是相信，却宁可放在厄运的篮子里。干吗这样，要不要转个念？听到别人的生产经过有多么悲惨壮烈时，能不能也像听到别人的美好那样，立刻告诉自己：那是你的故事，不是我的故事。

“那是你的故事，不是我的故事。”这句话多么好用，我们却常常用错地方。不只保鲜期，很多时候我们面对的明明是不曾体验过的事，却没给自己保留空间，而是老早收下别人的说法，且深信不疑。

总之，保不保鲜的说法我是完全不信的，我比较相信身体会如实显化我的信念。所以当我想生育的时候，身体自会准备好，相反地，若我很想生育，身体却一直没有到位，我会去看内在发生了什么事，我有哪些恐惧还没有处理，导致身体有所抗拒。

我非常喜欢的书《疾病的希望》里面提道：身体是意识的表现。

“活人身体中发生的每一件事，都是表现与其对应的信息模式，或说是对应影像的凝聚。脉搏和心脏遵循特殊的律动，体温保持在固定的范围，腺体分泌荷尔蒙，或是抗体的产生，这些功能都无法单靠物质名称来解释，每一种功能都依赖对应的信息，而信息的来源就是意识。”

“如果一个人的意识陷入不平衡的状态，就会通过身体症状的形式成为可见的实体。”

身体真的是会受我们意识所影响，所以千万别小看意识的力量，你当自己是什么，你就是什么，每个人都是她或他认定自己所配得的模样。

# 亲爱的身体

记得高中的时候，喜欢的学长用摩托车载我，我在后座小鹿乱撞、心花怒放，每每遇上红灯都会拉裙摆故作娇羞，期待学长转头跟我说话。就在某次红灯时，停在我们旁边的汽车，驾驶与副驾驶座上的一对男女，直接指着我的腿拍手大笑，说："腿好粗！那么肥还敢穿裙子！"当下天崩地裂，吓死人了，我瞬间气势全失，只想回家自己哭。其实我被笑腿粗也不是第一次，大概是第387次，我常被笑腿粗，可是那次特别受伤。

过去，我看待身体只有一个焦点，就是好不好看，且别人觉得好不好看，胜过我自己觉得好不好看。"大腿这么胖，穿贴身裤会被笑，还是穿宽松一点吧。""要跟喜欢的人见面，竟然长痘痘，烦。""早知道昨天晚餐不要吃那么多，现在小腹超大。"……很多很多的嫌弃跟焦虑，我站在镜子前总是先看不满意的部位，接着开始盘算如何摆脱。有时候能成功摆脱，有时候不能，但无论摆脱了多少，下次照镜子仍会马上搜寻不满意的地方，且永远有新收获。

这样对待身体其实很粗暴。就好像你每次看到一个人都说他丑、说他不够好，不论他改善了多少，你永远都有得嫌。这么坏的模式，通常已经运作十几二十年了。除非来一场大病，否则我们很少真心向身体忏悔我们对她的虐待；也有的时候，就算病到鬼门关前走一遭，我们还是不知道要忏悔。

粗暴归粗暴，我猜大部分的人都跟我差不多吧，总是聚焦在皮肉观感。应该很少人在照镜子的时候会想着："我的幽门好健康噢，真棒！"或者"括约肌的状况不知如何，希望她今天一切顺利。"

在不断被嘲笑与自我嫌弃腿粗的循环中，我许下一个愿景：跟身体建立良好的关系。我觉得一定是因为我没有爱我的腿，所以腿才会这么胖，这么不好看，我想要好好跟我的腿相处，好好跟腿建立关系。

那之后大约过了十年，我遇上此生身体最扩张的挑战：

怀孕、生产、哺乳、育儿。

这段历程真不是盖的。从验孕棒出现两条线开始，一路到此刻都惊奇不断。我的身体竟然可以孕育出一个人来，而且还是从一个拳头大小的子宫生出来的！过去只是用脑袋理解妊娠这件事，但当我用自己的身体去体验它，才真正感受到那份不可思议：有个人在我的肚子里游来游去、翻滚、打嗝，而且会踹我！

怀孕期间，不仅子宫内很忙，子宫外的器官也没闲着。胎儿占去这么大空间，其他胃啊、肠啊、肺啊什么的，通通都被“挤下床”。五脏六腑各自在新的位置，用新的方式运作，搞得我也像是一个全新的人，经历着从未体验过的生活：有新的站姿、新的坐姿、新的走路方式、新的睡眠模式……当然也有新的衣服，噢耶。

生产跟怀孕不相上下，也是个大工程，但我打完无痛分娩针之后就失去痛觉了，生产当下悠悠哉哉只顾着跟医生聊天，所以生产到底是怎么一回事我实在不好说，只知道女儿生出来的瞬间我的肚子稍微消下去，“稍微”而已噢。当时平躺望向凸起的腹部，感到非常讶异，竟然跟怀孕五个月的尺寸差不多。经护理师解释，子宫要缩回拳头大小需要六到八周。我还以为生完小孩的子宫会像漏气的气球那样瞬间归位呢，好无知噢。六到八周，对于急着想塞进美美洋装的我来说有点久，但对于花了四十周扩大二十倍的子宫来说，其实很快了，我们要尊重子宫为自己安排的进度。

产后的恢复、哺喂，以及为了带小孩而不知从哪儿“长”出来的神奇体力……这一连串，集生命奥秘之大成，全通过我的身体演绎完全了，能不起敬畏之心吗？不能。原来人的身体可以做到这样伟大的事，也就是生出另一个人，并用自身所产的乳汁喂养它。

从此以后我看人的眼光都不一样了，走在路上，我想的是：这个人曾经是婴儿，那个人也曾经是婴儿，可憎的家伙曾经是婴儿，可爱的家伙也曾经是婴儿……世界上每一个人，我眼睛看见的、脑子想到的、书上记载的、心里挂念的所有人，每一个每一个，都是从一颗受精卵开始，在子宫里长成一个人，然后出生。这绝对是宇宙间最高等级的“无中生有”，终极奇迹啊。

生完小孩之后，我对我的身体十分恭敬！没想到十年前的愿景：跟身体建立良好的关系，在十年后是通过生育来达成的。好吧，其实不算达成，因为我仍有跟身体关系不好的时候，但此刻我比以前更尊重身体，也更信任身体，我总算看见了身体的丰功伟业，对身体存有一份感激。

现在，就算有人直接来我面前，指着我的鼻子说："腿这么粗还敢穿裙子出门，真是不要脸的肥女。"我八成只会觉得他见识浅薄，完全不计较，一笑而过。说不定还会佛性一发，念几句经文渡渡他的口业。"我懂你的狂妄与无知，但你不懂我的厉害，我祝福你开悟。"如今腿粗于我，宛若浮云。

接纳了自己，就会很有力量地面对别人的批判，那种感觉像是有了根。

接纳，不仅让自己拥有力量，对待别人也多了一份宽厚。以前在别人身上看到跟自己相近的体型，会觉得好可惜或好可怜。现在想起来，只觉得自己很好笑，这么悲天悯人怎么不去多捐些钱，在街边哀叹路人的身材干吗。而现在我看到跟自己体型相近的人，会觉得蛮美、蛮可爱的，没什么不顺眼。

为了腿而许下的愿景，结果腿没变细多少，心倒是成长了不少。而“跟身体建立良好的关系”的想法，比起“腿变细”让我得到更多。其实世界上谁最支持我们？总是无条件为我们付出呢？就是身体，**身体是我们第一个伙伴，没有身体，我们无法做任何事。**

所以我现在时不时就对自己的身体怀抱着敬畏与感恩之情。亲爱的身体，谢谢你给我无条件的支持，我承诺对你好、信任你、尊重你，让我们继续爱在一起吧，今后也请多多指教！

# 乳头开悟

不久前“解放乳头运动”非常轰动，许多人主张乳头并不色情，请大家不要用异样眼光看待乳头。但我看到这类主张，心里都会默默祈祷去性化的乳头千万不要成为主流，倘若乳头不再是情欲符号，而是百分百健康的、神圣的哺乳器具，光想想就觉得好消火。

怀孕后期，我参加一场母乳哺育妈妈课堂，大屏幕秀出一张一张婴儿吸奶的照片，我表面镇定，内心却很惊慌。

怎料女儿出生二十四小时之内，我就臣服了。哇哈哈，我喂奶喂得非常爽，边喂心中边赞叹着世上怎有如此甜美之事，女儿喝奶的模样可爱极了，完全融化了我的心。

哺乳虽甜美，却也很磨人。我可怜的双边乳房每日工作时数超过二十小时，除了喂女儿，还得喂挤奶器。哺喂母乳可不是没人吃就没事，乳腺一旦通了，它爱喷就喷，母乳滴滴珍贵啊，挤一挤留起来，半夜可以让老公去喂，多好。挤奶器一松一紧发出噗叽噗叽的声音，我感到不可思议，不久前还抗拒乳头要被婴儿吸，如今却成了彻头彻尾的奶牛了。

哺乳的日常只有一件事：循环供奶。婴儿的食量在头两个月是以喷射机速度增长，今天喝 50 毫升，三天后就是 80 毫升，接着很快地，100、120、150、180，就这样一路狂飙。小孩催这么急，妈妈来得及产奶吗？我后来才知道，传说中母子连心、母女连心是真的，妈妈与小孩之间有着非常神秘的配合机制，比如奶量。小孩的奶量只要一增加，妈妈泌奶系统便会自动升级，仿佛约好似的，小孩要吃多少，妈妈就产多少，一唱一和，天衣无缝。

每天起床第一件事情是喂奶，睡前最后一件事情是挤奶。

喂奶是这样的：挤得越勤奶越多，奶越多就越要挤，否则乳腺塞住会生病。喂奶让我深刻体会到“源源不绝”这个成语的真谛。但奶源源不绝，爱好像没有源源不绝，尽管喂女儿喝奶很甜蜜，却还是会想罢工。

我的生活全都被奶灌满：喝这个发奶、吃那个发奶，到后来真的会厌烦，有种活着的每一秒都要被索取的感觉。偶尔会很想大喊：“通通不要吵，今天罢工！”

百分之八十甘愿，百分之十七厌烦，喂母乳的日子就这样过去。我喂了大概四个多月，后来渐渐恢复工作，不方便追奶，奶便自动退了。有些人觉得身为母亲，只要小孩肯喝，就应该拼了命喂下去，否则太自私了。我没那样想。喂多喂少是个人本事，像我，稍微松懈奶就退了，那就是身体的选择嘛，我不打算为此自我鞭打，也不会拿这件事鞭打别人。每个妈妈都有自己给爱的方式，全力以赴喂下去真的很厉害，但喂不下去的妈妈自有其他厉害之处，**只要是心甘情愿的选择，都很有爱，别牺牲就好，牺牲才是真自私。**

通过喂奶体会这么多，实在始料未及。以前看待乳房的眼光很单一，我在乎的只是好不好看而已。如今多了许多层次，我的乳房不仅美丽诱人也很神圣。

见识过母乳的哺育威力之后，我终于知道为什么大家都说“大地之母”而不是大地之父，为大地取这个母仪天下封号的人，实在太有洞见。女人的子宫可以孕育出一个人，已是不得了的奇迹，不仅如此，还能凭两个乳房喂饱这个人。若以敬畏之心体会其中的伟大，而不是用受害心态觉得女人真命苦，便会透彻明白，这真的是男人毕生都追不到车尾灯的美妙境界。

## 橘皮，干你什么事？

所有女人的裸照当中，我印象最深刻的是西蒙·波伏娃的裸照，因为她大腿后侧有肥厚的橘皮。黑白相片中的她只穿了一双高跟鞋（目测是羊皮），全身光溜溜地对着梳妆镜绾发，左脚抵住浴缸，呈三七步，一副很有气势的样子，显然她自我感觉是女神，根本不理会橘皮，至少那个当下是。比起她的大作《第二性》，这张照片让我更崇拜她，很想达到她那个等级的自在，但心里明白自己还差很远。

说到橘皮，我已经忘了是什么时候发现自己有橘皮的了，可能是高中，或者更早，但时间点不重要，重要的是我的感觉。第一次看到自己腿上的橘皮时，只觉得好奇有趣，不觉得丑，就好像孩子不会觉得自己的胎记有什么问题，但如果胎记久久没褪，妈妈或爸爸对此会感到焦虑，担心这担心那，孩子便开始觉得那块东西是个缺陷，似乎没有它，自己将更棒，更值得被爱。

我的状况也差不多，但焦虑与嫌弃不是来自我爸妈，而是来自同侪跟媒体。第一次偷听到身边的人说橘皮有多恶多丑，当下五雷轰顶："什么？原来这东西是令人厌恶的！"顿时庆幸自己在听到这番嫌弃之前，没有经常就把橘皮露出来，否则不就成了别人口中又丑又恶的橘皮人？好险啊，苟且偷生的胜利感让我颇为得意，同时又感到羞愧。

后来陆陆续续在媒体中也感受到人们那份理所当然必须除掉橘皮的笃定，便更加确定橘皮是个错误的存在，只要能除掉它或至少遮掉它，我就能成为更棒的人。这种心情应该是全天下青春期少女少男的共同经历吧？那个时期正在自我摸索，对自己的价值没把握，不确定能被认同到什么程度，所以超在乎别人的评价。就橘皮这件事来说，我的青春期持续了至少二十年，我三十几岁的时候，跟十几岁一样还在害怕露出自己的橘皮。二十年来我相信全世界的人都会耻笑我有橘皮，全世界的人都觉得橘皮组织是一种见不得人、丢脸又丑毙了的东西。

到底是哪来的自信觉得别人会这么在乎我的橘皮啊？想想真是好笑。人有一种幻觉，就是自己看不顺眼自己某一点，便以为全世界的人也都讨厌这一点，严重的话还会觉得全世界的人整天闲着没事都在关心自己哪里不好。

幻觉就要用幻觉治，这时候爱情的盲目就派上用场了。我成年后第一次穿短裤出门，是因为当时的男友很认真地告诉我，我的腿一点都不粗、橘皮一点都不明显、穿短裤一点都不显胖。他是真心这样觉得，且非常乐意跟穿短裤的我走在一块儿。冲着这一点，我姑且相信大腿橘皮没有我以为的那么丢脸，便鼓起莫大的勇气穿短裤跟他出门去逛街。回头看当天穿短裤的照片，腿粗毙了且橘皮真的超明显，我懊悔不已，决定无论如何都不会有下次，但男友稍微灌点迷汤，我又会再穿短裤出门。

经常在懊悔与盲目之间来回摆荡，看起来很蠢，但实际还是有所收获的，至少我从中发现了一件大事，就是“全世界的人”并没有这么在乎我的橘皮。我穿短裤出门一趟，大不了引起五个人的关注，第一个是我自己，第二或第三个人是刚刚瞄了我大腿一眼就开始耳语的路人甲跟乙，但其实我不知道他们讲了什么，第四个是想象中的路人丙，第五个人还是想象中的路人丁，差不多就这样，真的，大不了五个人。

这个伟大的发现让我清醒许多，我之前一定是被下了什么蛊（是我自己蛊惑自己吧），才会如此纠结。对我的橘皮不满的人，比想象中少很多，甚至根本没几个，而就算别人真有什么不满，我也大可以将之当成狗吠火车。但事实是，从头到尾吠得最凶的是我脑子里那个啰唆了二十年的声音，不是别人。

在巴黎留学的那段日子，更是疗愈我橘皮心病的一段时期。巴黎人总是气势凌人，那种“我才不管你怎么想”的态度，常让我忍不住骂脏话，但习惯了之后，却成功地将那目中无人的态度挪用至我对自己的鼓舞。

“我才懒得管你怎么想呢。”本来就是这样，我身体什么模样与别人无关。这句话不光说来壮胆而已，我后来是发自内心真的认为“我身体什么模样干你屁事”，全然的、自在的、不会为此压迫自己跟别人的。

但奇妙的是，因为厌倦了社会长期以来要求女人瘦（还要无橘皮）、白，不少人开始“反扑”，支持拥有相反形象的女人。什么形象都有人支持，是蛮不错的一件事，但在支持相反形象的同时，却有人会回头来攻击瘦、白。不是说要支持多元形象吗？瘦白之美稳坐主流宝座虽让人厌倦，但回过头讨伐它们，这行为很不多元啊。

以前听到的大多是对胖丑女人的贱斥，这很恶劣没错，但如今看到带女性主义形象的女明星因为代言美白产品或拥戴时尚而被大肆攻击，不禁心头一缩，贱斥胖丑与限缩瘦白，背后其实是一样的恶劣，都在评断别人的身体。**到底我们凭什么觉得自己能以正义之名评论别人的身体呢？**

前阵子请好友为我拍摄第二胎的孕写真。拍摄时我差不多六十公斤，大腿粗壮，外加水肿和双下巴。我看着电脑屏幕中自己的大腿橘皮暴走，转头对摄影师大叫："你看我的橘皮！"

"我会帮你修掉啦！"摄影师虽然这样回答，但应该心里有数我只是嚷嚷，我对此挺自在，内心已有种包容天地的宽阔感。后来公布孕写真在粉丝专页时，我直接上传了原片，没修。

有人以为我公布没修图的照片，是在呼应某种崇尚自然的女性运动，噢不，误会大了，完全没这回事，我纯粹只是懒得费心而已。摄影师那么忙，要说动她修图肯定是个大工程，而且想想算了，橘皮有啥大不了。

回到西蒙·波伏娃。某天我洗完澡，趁着身体热乎乎、毛孔大开时，帮自己精油按摩。按着按着，突然想起西蒙·波伏娃那张裸照，发现自己跟照片中的女神不再相差那么远了，有点高兴呢。

现在的我，对于橘皮有时一点儿都不在乎，有时候又很受不了，反反复复。但管他呢，人的想法本来就变来变去，这个不稳定的状态反而是我现阶段最自在的状态。我可能这礼拜还蛮喜欢自己的肉，下礼拜却买了减肥消橘皮的保养品，我在两头摆荡，没人看得懂我想干吗。但无所谓，我的身体什么模样，不干别人屁事。

# Part3
# 迷人的照妖镜

亲爱的女生，爱是一场现形记，
呵呵，
不论你爱的是谁，都将让你看见自己。

THIS GIRL

## 照妖镜

我总觉得谈恋爱要有必死的决心，因为爱上了，关系建立了，你们就无所遁形了。

建立亲密关系就像是从此以后在鼻头前方挂一面镜子，不想看也会看到，状况好的时候觉得：天啊，我怎会如此可爱动人，如此美；状况差的时候则是各种自我厌恶涌现：这谁啊，怎么把自己活成这副德行？

生小孩更要有死了再死的决心，小孩就是卵子精子两方主人的潜意识结晶，进阶版的照妖镜，不是挂在鼻头而已了，而是全身镜、三百六十度广角镜，整天追着你跑。

曾经上过一门课，老师说：“一个人的命运，就是他所有关系的总和。”此话为真理。人生所有的关系当中，最关键的是我们与原生家庭（父母、兄弟姐妹）的关系，其次是我们与亲密伴侣的关系，以及我们与子女的关系。

基本上这三种关系都是照妖镜无误，但在不同的阶段，镜面反射的清晰度与折射力道有强弱分别。

比如常被爸妈碎念拖拖拉拉的人，对于爸妈的话早就疲乏，当成耳边风，处于这个阶段的人才懒得理爸妈呢，不要说从爸妈身上看见自己，此时的志愿很有可能是：我以后绝对不要变成跟爸妈一样的人。然而等到谈恋爱时，不是爱上同样有拖延毛病的人，就是爱上一个也会碎念自己拖延的人，又或者生了小孩，小孩肯定也有拖延症……这就是人生。

站在爸妈的位置来看，一直碎念孩子拖延也可能是因为爸妈没有接纳自己的爱拖延，只想指望孩子扭转这个缺陷，但小孩一天到晚被念，没有被接纳，心里很不爽就继续拖延。而心里不爽也会生气与抗拒，当一个人把焦点放在抗拒，便会“创造”更多抗拒，会做出很多努力让自己好像脱离了现状，实际上却只是从这个抗拒换到另一个抗拒，没有扭转。

身为一直被念的小孩，则很难从爸妈身上看见自己要面对的课题，因为被念真的很烦，如果还常常因此被处罚，怨念就更深了。除非小孩天生聪颖到能意识到自己与爸妈是一体的，爸妈不接纳的事，可以通过自己接纳自己来化解，如果自己接纳了自己的拖延，并且愿意改变、前进，不仅可以摆脱自己的拖延，还能让爸妈的拖延也一并融化。但这真的是非常有智慧的人才能想到的解法，我们作为普通人，十之八九的反应会是："爸妈很烦很讨厌，我长大一定不要变成跟他们一样的人。"有时候讲这种话还会搭配发毒誓，但通常讲完没多久，就会在极短的时间内自打嘴巴，活成爸妈的翻版，且完全不自知，倒是旁人看得一清二楚。

不过，拒绝从父母身上看见自己没关系，我们还有两次重大机会面对自己，扭转乾坤，就是谈恋爱跟生小孩，更进一步地说，结婚比谈恋爱效果更好，有决心与勇气之人请不妨试试。

谈恋爱、结婚这样的亲密关系为什么是照妖镜？因为我们对亲密的人要求最多，也投射最多，而且我们真的很爱理直气壮地做这些事。比如我们不会要求室友对他的伴侣忠贞不二，来补偿我们因为爸妈外遇而留下的爱情阴影，却会检查爱人的手机，规定他做出特定行为来疗愈这份不信任。

**亲密关系让我们的创伤现形，我们会渴望被爱人拯救，也就是期待爱人来满足我们内心一直以来都无法真正被满足的空缺。**我们想都没想，就认定这是所爱之人的义务，不论是爱人、父母、子女都一样，若他们做不到，我们就会心碎，觉得：死定了，连你这个应该要爱我的人都不能满足我，我要怎么活下去？会这样想是因为我们把自己看得很小，不相信自己有足够的力量活好活满，势必得从别人那儿索取。

这时候就是出动照妖镜的绝佳时机了。照妖镜是一个无论你怎么看都只能看向自己的东西，照久了终会发现指望别人非常不智。指望小孩，小孩不是越跑越远不回家，就是埋葬自己的人生来满足父母，每个行为都以爱之名，但最后没人幸福；指望老公，结果自己变成怨妇，老公看了就怕，小孩也想躲；指望老婆，结果老婆越来越强大，自己越来越弱小，最后无容身之地时，怪老婆未尽婚姻义务；指望爸妈对自己更好，反而永远活在爸妈的阴影中，一生无法真正长大。

照妖镜会让我们看见自己的每一个行为与意图，最重要的是自己的嘴脸。如果我们总是觉得身边的人没给自己好脸色，那么千万不要怀疑，我们十之八九脸也很臭，就算不臭也很不讨喜。如果我们慈眉善目，气场如春风，除非遇到上辈子冤亲债主来清算业力，不然一般路人甲乙丙丁都会对我们笑，甚至被迷到娇羞撇头。

“给出去的都会回来”，照妖镜的妙用在于敦促我们早点看见自己当下所创造的到底是爱的流动？是勒索？是疏离？还是憎恨？没有人可以逃得过这些，如果不需要从关系中学会爱，就不用生而为人了。世界是很公平的，让我们在合适的时间和家庭出生，接着时间到了就想谈恋爱，在家里无法面对的，在爱情里继续面对，然后是生儿育女，让我们自己的骨肉再演一回给我们看，看看我们到底有没有认真面对。

回归到最前面那句话：“一个人的命运，就是他所有关系的总和。”一切皆有迹可循，只要我们愿意睁大眼睛照照镜子。

# 不要等

谈过烂恋爱的好处有很多，其中一项就是让我大彻大悟：当下不能在一起的人就是无缘的人，不要等。

那种“他很喜欢我，我很喜欢他，但他还没办法跟他女友分手，所以没办法更进一步”之类的，就是无缘，不要等。

或是“他很喜欢我，我很喜欢他，可是因为他上一段感情受伤太深，没办法马上展开一段新的关系”，那就是无缘，不要等。

还有那种“他很喜欢我，我很喜欢他，可是他说他现在想先拼事业，没有很多心思在谈恋爱上”，那就是无缘，不要等。

要就要，不要就不要。两个人建立关系，这就是第一关，这一关跨不过去，就是没有关系。

以前遇到这类的事，我会觉得，我们是相爱的，但时机不对，等过一阵子他的问题解决了，我们就可以好好在一起了。结果这样展开的恋情没有一次是好下场，没有一次。为什么会这么衰呢？为什么我得不到幸福呢？当时并不明白，后来才理解，“等”是一种不对等，是一种索求，是一种受害情结，是一种匮乏，是一种与当下脱节的灵肉分离！

我是标准的爱情女，注定要在爱情里经历人生课题、通过爱情脱胎换骨的女生。我呢，以前只要遇到喜欢的对象，哪怕在地球的另一端，坐飞机要三十个小时，也照样飞过去。没有任何事情可以挡得了我的爱情，我要就是要，排除万难，在所不惜。若喜欢的人说他爱我，但现在没办法跟我在一起，我听了会完全不以为意。开玩笑！这算什么问题？只要我喜欢你，我的时间，我的心思，我的行动都给你，有什么难的？我很会安排我的人生，我不会因为等你就无聊，等你的这段时间，我照样能把生活过得很精彩，反正我就是要跟你在一起，非你不可！

当我处于这种“等”恋情展开的状态，我每天都会许愿“请让我跟某某某在一起”。尽管内心深处知道，比较好的愿望是“请送来一个能够与我并肩而行、真诚交流的爱人”，但我就是无法接受不在愿望里面指明爱人是谁。只说要一个“并肩而行、真诚交流的”爱人，范围未免太广、太冒险了，我想到就不安，要是来一个奇怪的路人怎么办？绝对不能让这么不靠谱的事情发生，许愿一定要讲得非常明确！我甚至还会说他住在哪里，长什么样子，不可以给我送一个同名同姓的别人来！

现在想想觉得很好笑，从前的我，总是爱得灰头土脸、累死自己。

不止爱情，其他方面也一样。若通往目的地的路有两条，一条笔直简单，还附输送带，另一条蜿蜒崎岖，暗藏猛兽，我十之八九会指着困难的那条路说：“我要走这条路，挑简单的路太偷懒了，没有历经千辛万苦，哪能尝到成功果实的甜美？我才不要，走难的路才帅、才酷！我要走这条！”真是十足中二的行为。障碍这种东西，没有干吗“DIY”？嫌人生太顺遂太无聊吗？再说，笔直简单还附输送带的路，也要平衡感够好才上得去，不要以为选了简单的路就是偷懒。选简单的路还得先有一颗配得的心，觉得自己配得轻易与顺流，不然在输送带上照样一路焦虑到终点，分秒担忧着这么轻松该不会是场骗局？会不会被反扑？紧张兮兮的时候，简单的路都被走成困难的路。

过去的我就是迷信要有艰辛过程才能尝到甜美果实，所以常常自己创造人生路障。其实只要舌头没坏掉，果实都是甜的，允不允许自己品尝而已。有时候真的很想回溯童年，看看是哪一刻被植入这种“辛苦的人才有资格收成”的潜意识模式，导致我做每件事都想要用辛苦去换，总在那演慷慨赴义的戏码，这种模式放到爱情里面，就是“错把悲惨当深刻”。

现在的我则彻底明白，**非要跟某个人在一起的执着，其实是不信任**，不信任除这个人，还有别人也能让我这么喜欢；或者说不信任命运的安排有其智慧，认为必须靠自己紧紧抓住眼前的人，否则将没有办法再遇见心动与幸福。

电影《恋人絮语》里，我最爱的就是《等待》那一篇，作为那个等的人，作为一个受害者，多爽，不用为自己的生命负责。我可以说我很想谈恋爱，但现在没办法谈，因为他还不能跟我在一起，不是我不要，是他，问题在他，但没关系，只要我愿意等，问题就不在我身上。我的美好在未来不在现在，因为他拖住了我，但没关系，我比他辛苦，比他伟大，所以由我来牺牲，让他有时间去解决他的问题。

等啊等啊等，等到他可以跟我在一起的时候，我已是一个守候多时的圣人，任何人都应该尊敬我的毅力，他也不例外，老天也不例外；他要对守候多时的我加倍体贴，而老天也要对于我的付出给予奖赏，让这段所谓苦尽甘来的恋情更加美好。

利用等待，我创造了全世界都亏欠我的状态。

我可能以为把生活过得很好，就不算在等，其实不然，心理上的等也是等，即便身体过得很精彩，心理状态依然是停滞的。生命是流动的，一旦停止流动就会变成臭水沟。等待就是一种停滞，里头隐藏了许多复杂的情绪与代价，只是我没看见，而当等待结束的那一刻到来，我需要的补偿将比我所意识到的多出很多。

所以不要等，也不能等。无缘的人就不是我的人，我没有要跟无缘的人在一起，这就是我的女王转身。我无论跟谁在一起都会幸福，根本不需要耗费心力去强求，更没有非谁不可这回事。

现在若遇上那种他说他爱我，但是现在没办法跟我在一起的人，就是：谢谢，有缘再见，没有其他。生命从不会等我，我还拿生命来等你，干吗呢？对自己好一点，不自我设障，不迷信辛苦，不要等，让爱情在顺流里面发生。

# 爱情的礼物

我觉得爱情的两个最大迷思，就是：

一、对永远的执着。

二、对唯一的执着。

所以我们总想着“那些没有长达永远的恋情都叫作失败”“若我不是唯一，他／她就不是真的爱我”，而在爱情里反复受伤害。

来聊聊永远。其实我每次谈恋爱都渴望跟对方爱到永远，什么现实因素都管不了，只想跟对方一直一直相爱下去。还蛮疯狂的，但爱上了，谁不想永远？问题是人哪有那么多永远，再怎么活也就一辈子而已。每任都求永远，是要活五百岁吗？五百岁、五千岁、五万岁，都还是有尽头的啊，有尽头就不算永远。所以，只要人会死亡，就没办法用时间来定义永远。

后来我才了解，我期待的永远，其实也不是永远在一起，而是渴望那甜蜜的片刻可以无限延长与扩大。如果是这样的永远，就容易很多，只要在甜蜜的当下，全心全意地享受，一丝都不要浪费，就可以尝到永远的滋味了。永远是一种感觉，而不是时间的长度。有些人就是注定来陪我们一阵子，不是一辈子。

至于唯一，大部分的人连不是对方爱情史里的唯一都难以忍受，更不要说同一时间的非唯一了。跟前女／男友较劲，是一件极为吃力不讨好的苦差事，除非难以控制自己，否则连想都不要想蹚这趟浑水。竞争的真谛在于你一旦去争，就已经输了，战争的国度没有沃土，无法丰收啊，这种事没有赢家的。不论是此刻的对手，还是过去的对手，都不值得去拼输赢，且这分明是伴侣脑子有洞不知道自己要什么，无法做抉择，为何由你来承担恶果呢？除非大家说好了，你我他都喜欢多重伴侣关系，这样很好，不然的话，看清楚镜子里的自己：“我是一个这么棒的人，我值得全心全意的爱情。”何苦争宠讨爱，青春无价，给不起全心全意的爱人就放手吧。

其实，无论什么样的恋爱都有经可取的，跟不一样的人在一起，会创造不一样的故事，就得到不一样的觉悟（咦）。

我在巴黎念书时，谈了一段既不永远也不唯一，过程扑朔迷离，结局莫名其妙，但如今想来依然很值得的恋爱。他叫克雷蒙，我们在一起时间挺长，但相处时间却极短，因为恋爱才刚开始我就回台湾了，远距离恋爱一直呈现有一搭没一搭的状态，约会很贵，见一次面要花费近万元、十五个小时以上的飞行，实在不是想见就能见。我带着奋力一搏的决心来维持这段关系，但结果还是告吹。

分手之后，我们大概只在生日的时候会互相祝福，其他日子没什么联系，不过我跟后来的老公去巴黎玩的时候，克雷蒙主动约我和老公吃饭，我很开心，毕竟那顿饭局我左拥右抱两个帅哥啊，多威风。

去年某个傍晚，既不是我生日也不是克雷蒙生日，但他却突然发起实时通话，接着非常兴奋地告诉我，他要当爸爸了。我在台湾他在巴黎，两人距离一万公里，时间差了六小时，但他那无与伦比的雀跃，冲破时空一丝不差地传到我这里来了。我脑中甚至浮现他手舞足蹈、跳上跳下的模样，此刻他极有可能真的在做这些动作。

我很替他高兴，但却又有些不爽，五味杂陈。

因为我是在克雷蒙最失意的时候认识他的，每次约会都要听他埋怨人生的不顺遂，并且肆无忌惮地对我投射不安全感。我好想跟他甜蜜地散散步，在路边随便吃一张可丽饼，不好吃也没关系，只要他不要一直苦着脸说自己有多惨就好。但没办法，当时他就是那么惨，无法作假，他是个真实的人。

那几年他辛苦我也辛苦。付出了很多，恋情依然无情地死去，心碎一地。我当时不停地安慰自己，跟这么消沉的人在一起太辛苦了，分手才好。

然而在那个电话里，克雷蒙整个人是如此振奋、喜悦，一副被爱充满的模样。我从来没见过他这个样子，甚至可以说连一点迹象都没嗅到过。“这真的是我认识的那个克雷蒙吗？”原来他也会因为要当爸爸而兴奋，会对人生充满干劲与热忱，原来他是可以这么快乐的。我心底不禁幽幽地怨道：为何我就那么倒霉？遇到的是人生低谷中的克雷蒙。

记得我的日记里有这么一段不知在哪本书里读到的话："没有一段关系是失败的，只有与期待不符的结果，如此而已。"一语惊醒梦中人。和克雷蒙的恋情与我的期待确实不怎么相符，不仅让我觉得这段关系很失败，也让我觉得自己是个失败的人。其实所有的关系，包括朋友、家人、陌生人……总结起来是有好有坏，挺平衡合理的不是吗？但亲密关系坏掉，就令人特别难以释怀。

尤其，有些恋爱实在称不上快乐，几乎从头到尾都在互相折磨，简直像是相约来见识彼此黑暗面的，耗去大好青春，最后分手分得心有不甘，分完还得痛苦很久。遇上这样的恋情，很难不觉得自己失败。但就像那段话说的，没有一段关系是失败的，只有与期待不符的结果，如此而已。

真的是这样啊，只不过常常要等到时过境迁很久才看懂，看懂之后，又过了很久才对此心悦诚服。

我跟克雷蒙没有永远，我们真正在一起的时间很短，且大多都在投射自己的焦虑不安，若把甜蜜的片刻抽出来回忆，这段恋情简直短得可怜。我们也没有唯一，倒不是两人各自发展多线关系或别的什么，而是我知道他内心深处其实挂念着前女友，而我在台湾这一头，有时想着是不是该放手了，也会不知不觉渐渐把心清出一个空间，准备容纳别人。

这段关系让我挫败许久，但时过境迁，仔细想想，没什么所谓失败。那就是当时的我跟当时的克雷蒙最合适的状态，没办法只是用甜蜜、快乐、永远、唯一来衡量这段关系，我们的缘分不在创造粉红恋情，倒是很尽责地陪伴彼此度过一段焦虑的幻象。

有的爱人教会我们温柔与宽容，有的则激发我们抓狂的极限；有的爱人让我们懂得奉献，有的让我们享受尊重；有的伴侣使我们更清楚自己要的是什么，让我们看见自己的好，有的伴侣则让我们觉得自己糟透了……爱人有很多面貌，而敢爱，便能够让我们成长扩张。

这就是爱情带来的最大的礼物，如果我们只认得出永远跟唯一，那真是亏大了。

# 柯蕾特，我饿了

有一件很幽默的事，常被我拿来说嘴。

以前曾经用一种凶得要命的态度对着姐妹大声主张："老娘绝对不跟公婆住，一天都别想。你爸妈要人服侍，那我爸妈就不用吗？少在那边给我觉得理所当然，这什么愚蠢的传统，就是大家都乖乖吃这套，所以这种烂东西才能一直存在，所以大家都想生儿子。老娘就是绝对不跟公婆住，一天都别想，不爽不要娶，反正我也不会跟这种人交往！"结果讲完没多久我就跑去当时的法国男友家，跟他和他妈住了两个月。

好吧，虽然只有两个月，但我毕竟说过"一天都别想"，所以心里还是觉得很可耻。为了不要白白接受耻辱，我决定在这段空前绝后、此生唯一跟婆婆住的时光里（继续嘴硬），大胆地尝试自己可以放肆到什么地步。

入住第一天，男友的妈妈对我说："我家就是你家，你爱干吗都可以。我退休了，生活很简单，基本上整天都在沙发这儿，你只要肚子饿就跟我说，我煮东西给你吃。总之，当自己家。"

"好，我会的。"我果断回答，一丝客气都没有，百分之百认真。老实说，在台湾听到这种话我不敢当真，毕竟台湾人那么爱讲客气话，照做必死。但这里是巴黎，我不懂巴黎人，所以你这样说我就这样做，我也想看看结果会怎样！

第二天起，我真的把男友家当自己家，整天穿着睡衣走来走去，上网追剧，宅废到极点，肚子饿就去找男友的妈妈说我饿了，然后她真的会马上煮饭给我吃。

"柯蕾特，我饿了。"我都直接叫她名字，在法国这很正常，如果我跟着男友叫"妈"，那才真的会吓到人家。所以我每天肚子饿时都会对柯蕾特说："柯蕾特，我饿了。"然后柯蕾特就会笑眯眯地走进厨房，为我变出一顿法国家常菜。她只煮给我吃，自己从来不吃，煮完就回到客厅继续喝她的咖啡，我是住在这里两个月才知道，原来人一天只喝一杯咖啡也可以活下去。吃完饭我也不用洗碗，只要把碗盘放进洗碗机就好了。

除了“柯蕾特，我饿了”之外，我们俩没什么互动，她看她的电视，我看我的电脑。对此，柯蕾特非常自在，没有要找我碴儿的意思。两个星期过去，我开始有些好奇，她对于我这样厚颜无耻天天要她煮饭给我吃的行为到底有没有芥蒂？她喜欢我吗？还是心里其实巴不得我赶快滚？

但从一些小细节看来，柯蕾特应该不讨厌我。她会偷偷跟我男友说：“雅晴今天把一个单词讲错了，她好可爱。”她每次去超市都会约我同行，我们一起逛超市时，只要我爱吃的她都买，甚至看到觉得适合我的 T 恤也买给我。从各种迹象看来，柯蕾特应该还蛮喜欢我，于是我的“可耻度”来到新高点：不仅要柯蕾特煮饭给我吃，还开始在逛超市的时候向她点菜。“柯蕾特，我想吃淡菜（即贻贝科动物的贝肉）。”“柯蕾特，我想吃可丽饼。”柯蕾特看到她自己喜欢的食材也会问：“雅晴你要不要吃这个？”“好啊我要。”“拿一包吧。”就这样轻松地往来。

后来柯蕾特不仅煮饭给我吃，让我开菜单，约我逛超市，还会找我一起去茱丽家吃饭。茱丽是我当时男友的姐姐，柯蕾特的女儿。第一次去茱丽家，她也对我说："把这里当自己家，我家有钢琴，你随时都可以来弹。"我当然照样回答："好，我会的。"之后想弹琴我就打电话给她说："我要去你家弹琴啰。"然后就跑去，有时一弹就是一整个下午，还猛喝她家的果汁。

柯蕾特跟茱丽都对我非常好。我有时会怀疑这一切，心里想着自己会不会太天真，或许柯蕾特跟茱丽并不欢迎我，对我好只是她们人客气，反正我只住两个月，应付应付就过去了。

某个晚上，附近的音乐学校举办成果发表会，茱丽全家都会上台表演，柯蕾特也会上台唱歌，她们邀我去当听众，我开开心心地答应了。发表会结束后，柯蕾特拉着我的手，带我去见了一堆人，包括邻居、某钢琴老师……她一一介绍这些人给我认识，然后在结束之后跟我说："这就是我们的生活，我们的朋友们，你都认识了。"说完给了我一个温柔的妈妈的微笑。那一刻我知道我不必再怀疑东怀疑西，柯蕾特喜欢我。

之后我跟柯蕾特继续维持着我们荒唐又温馨的互动。“柯蕾特，我饿了。”然后柯蕾特就会去煮饭给我吃。偶尔，柯蕾特也会拉小提琴给我听，跟我分享她写的诗，我会把我画的图拿给她看，她看了好开心，还跑去跟我男友说：“雅晴真有才华。”而我在茱丽家占用了钢琴这么多次，离开前当然很上道地为茱丽的家人弹奏了几首动听的曲目。

过完极为放肆的两个月，回到台湾之后我就又开始对着姐妹主张跟公婆住的传统完全不合理，早该消失于人间等，依旧一边讲一边激动地拍桌。但每次想起跟柯蕾特住的那段时光，就觉得若是人对了，其实这样的生活也挺幸福。后来我仔细想想，才发现我搞错了，**媳妇和公婆并不是“不能”同住，而是“不能强求”同住。**当我们那么抗拒，反而是在意识上巩固了这个公式，让同住等于压迫。

“柯蕾特，我饿了。”每当想起这些，就好想再去烦柯蕾特，想吃她做的可丽饼。她会为了她的儿子，还有我，一口气做五十几张可丽饼，在瓷盘上堆得高高的，熄火之后拿出一盒糖粉，坐下来跟我们一起享用糖粉可丽饼。这是她唯一煮完会跟我们一起吃的食物。

## 替母亲"叛逆"

以前我常常因为衣着不符合外婆的标准而出不了门。外婆讨厌所有不收边、抽须、有破洞的衣服。在外婆的眼中，有破洞的牛仔裤是宇宙间最失礼、最糟糕的东西，把这种东西穿在身上的人一定有病，设计出破牛仔裤的人应该被抓去坐牢。

"我问你，你那件破破烂烂的洋装是哪里来的？"某天下午我正准备出门，外婆突然走到我房间门口，指着衣橱质问起来，我知道她对我那件粉红色不收边的雪纺洋装很有意见。

"买的。"

"你自己买的？"

"对，我买的。"

听了我的回答，外婆开始戏剧性地摇头。"你竟然买这种衣服，我以为是别人送的，没想到是你自己买的。你怎么会买这种衣服？我的孙女怎么会买这种衣服？我们家竟然会有买这种衣服的人，我不信，一定是你那些坏朋友教你的，你说，是不是那个谁谁谁……”

外婆开始盘点我所有的朋友，并一一指控。有些话真的过分到让我感觉肝在瞬间爆裂成一万五千多个碎片喷出去。我实在不想吼一个八十几岁的老人家，但她用她饱满的能量成功递出战帖：八十几岁老人家的战力可不是你这蠢货想得到的。

跟她对战我常常输到脱裤。就算被激得朝她大吼：“让我出去！我就是要穿这样出去！”最后仍得把衣服给换下来，因为她就挡在楼梯口准备肉搏，除非把她撞下去或从窗户跳出去，否则我连我的楼层都离不开，更别说出家门。

闺蜜 F 告诉我，某次出门前，她妈妈嫌她洋装太贴身会看到内裤痕迹，她当场飙了一句：“那就不要穿！”接着就在妈妈面前把内裤脱了冲出门。她说那一整天下面都凉飕飕的，通风的感觉其实很不错。瞧瞧她多威风，相较之下战输外婆的我，不是输到脱裤，是输到脱皮。

在我跟外婆“肉搏”的岁月里，总有闲杂人等站出来碎念我叛逆，我常气到想跟他们拼了。我只不过是想穿自己喜欢的衣服，就叫作叛逆？你们是从小就被限制穿着，导致斯德哥尔摩症候群，现在反过来觉得管人家穿着是对的吗？我真的很想各踢他们十脚。

直到这两三年我才明白，那些人口中的“叛逆”不是说来教训我的，是说来为他们自己平反的。他们没能为了穿自己想穿的衣服而坚持，也不被允许为了穿自己想穿的衣服对外婆大吼大叫，所以对他们来说，我这叫叛逆。想想就不恼火了。

老天实在幽默，我外婆如此传统的良家妇女，偏偏配上我这款不受控的孙女，连穿个衣服都不愿意顺服她老人家，还去街上亲那么多人亲到上新闻，最可怕的是当时年纪一把了不交男朋友。

对大部分的人来说，我，还有我那脱了内裤冲出门的朋友，非常不孝。不论是外婆还是妈妈，顺着她们不就好了吗？家人之间是不讲道理的，何必搞得家里气氛紧张，大家都不愉快？妈妈生养我们很辛苦，我们顺服妈妈是应该的。

噢不，我觉得这样的孝顺太表面了。我对外婆，以及我朋友对她妈妈的孝顺，是一种灵魂层次的孝顺，这种层次的孝顺，不是在生活中顺着妈妈的意就可以解释的，**我们是拼了命也要活出妈妈或者妈妈的妈妈一辈子都不敢也不愿面对的那个自己。**

我们信守约定，来当一个保守妈妈的前卫女儿，用自己的人生完满妈妈。即便妈妈又打又骂，甚至哭叫加羞辱：“我没有你这个丢人现眼的女儿！”也不能使我们忘记自己的使命。事出必有因，我们是妈妈潜意识的分身，妈妈如果不想被解放，就不会生出我们来气死她自己。

所以冲吧，女儿们，妈妈不愿意懂，但是我们可以懂，妈妈没能活出来的，我们帮妈妈活。

## 审核

某个农历年，外婆知道我当时的男友要来家里帮我庆生，除了开心地买了两束花插在客厅，还在晚餐后莫名正经地对我说："雅晴，你过来，我有话问你。"

想都不用想，我就知道外婆准备要盘问男友的身家背景，一股抗拒"咻"地从胃部蹿到脑门，我翻了翻白眼，选个离她有点距离的位置坐下，打算随便应付几句就走人。屁股才碰到沙发，外婆就开口了。"这个男生有兄弟姐妹吗？"此话一出我瞬间脸垮，眉头瞬间皱。"有。"外婆察觉到我不高兴，没有再问下去，我清楚这个对话不会愉快地收场，很快地离开沙发上楼去。

其实我从没听外婆说过她的恋爱，只知道她的婚姻。在外婆的时代，有婚姻没恋爱是很理所当然的事，几乎都奉父母之命成婚，没人在谈恋爱的，顶多偷偷爱慕某人，却一辈子都不敢对人说。对外婆而言，婚姻是一门终身交易，结了就不能离，当然要拼命盘查对方的底细。

我知道外婆想保护我，她用她觉得正确的方式捍卫我的幸福。我知道那是外婆给爱的方式，我知道，我都知道，但就是收不下这份爱。

“他有几个兄弟姐妹都与你无关，我不要你用任何标准来审核我男朋友。你也不要问对方家长在干吗，不要问他的职业，更不要问收入。我不准你认定‘孙女婿’应该要怎样，然后用这个标准来评断他。”

“我绝对不会给你任何线索来让你给他打分数，绝对不准。”我内心这样想着。

如果我不幸选了一个烂男人，谈了烂恋爱，那是因为我不曾好好学习怎么选择伴侣，也不曾好好学习怎么谈恋爱。我相信外婆的人生中也没有好好学过这些，才会想要用审核的方式筛选对象，而不是陪我聊聊什么是爱情。我愿意跟外婆一起承受这些挫败，一起抱怨没人教我们如何经营美好的亲密关系，一起让这些遗憾过去。但我一点都不想承袭她的择偶方式，也不想被她干涉我的体验。

我知道外婆觉得自己是在为我好，她每次都这么说，但这就是问题所在，所谓的为我好，其实是控制、不信任与不尊重。

“你审核我的男朋友，是因为你觉得你才有能力挑出对的人，而我不行，你不信任我可以凭自己的判断选到好对象。更长远来说，你也没有信任我的生命，想为我做决定，想让我少走一些冤枉路，少一点挫折，但，如果那些挫折是要来使我茁壮的宝贵体验呢？没走过那些路，我便错过了许多，是你夺走了我本来可以得到的力量。不要总跟我说为我好、怕我吃苦，所以帮我做决定，那其实是不信任。我凭自己的本事也能创造出美好人生。总之，不准审核我的男朋友。不、准、审、核、我、的、男、朋、友。”

以上。外婆只不过问了一句“这个男生有兄弟姐妹吗？”我脑子里就瞬间把这整个想法跑完一轮。其实同样的问题若换作是其他人问，我根本毫无挣扎，轻轻松松就答出来了，唯独外婆问，我会立刻臭脸甚至走人。

某天下午，因为感冒头昏脑涨、流着鼻涕的我就那样躺在外婆最常坐的沙发上，醒醒睡睡，脑子里好多东西。突然间，一股深深的寂寞袭上心头。

我突然体会到，那句“这个男生有兄弟姐妹吗？”表面上是要审核男友，实际上外婆真正想审核的是她自己。她想确认宝贝孙女是否挑到了一个好对象，如果真挑到了好对象，孙女就会幸福，她也会很欣慰，很有成就感。孙女的幸福，可以让她相信自己活得很有价值，不仅是一个有福报的人，也是一个成功的母亲，成功的外婆。

外婆的干涉背后藏了很多脆弱。她把自己的价值全都寄托给儿孙了，所以儿孙一定要幸福，而且是她看得懂的那种幸福，她才不会感觉自己失败。

有了子女以后，父母几乎将人生都奉献给子女，实在很难不把子女当成评断自我价值的依据。管东管西，干涉这个干涉那个，其实是想掂掂自己在儿女心中的分量，还有他们这一趟人生到底值多少。但小孩终究是他们自己，如果父母要靠小孩来定义自己，爱就会变成勒索。不过说真的，那界线有多少人能拿捏得准？没多少吧？我就很确定自己没办法。给爱的时候哪能想那么多？就是一股脑地给，回过神来的时候，早就忘记自己是谁了。唉，人生好难。

以前只站在身为儿女的立场，看不见父母处境。但那天下午，在沙发上突如其来的体悟，终于让我能够站在父母的立场，去看见其中的困难与伟大。再想想外婆，这么想知道我的男友是个怎样的人，那就让她知道又何妨？回答外婆的琐碎问题，让她感觉自己是有价值的、被爱的，也不是什么困难的事。至于男朋友合不合格，我自己心里清楚，外婆的标准就笑笑让它过去吧。

# 我坏坏

有天男友来家里吃晚餐，爸爸不在，所以爸爸的餐椅空着。外婆："你要不要坐爸爸的位置？"

男友："不用，我坐这里就可以了。"

外婆："你坐大位啊，你是男人，男人最大。"

早在外婆开口要男友坐我爸的位置时，我就知道她心里是那样想，只是没料到她竟敢讲出来！我一边翻白眼一边摇头，根本连吵都懒得跟她吵了。外婆是超级重男轻女经典大代表，重男轻女四字不仅写在她脸上，还烙在她脑子里，刻在她心上！

外婆结婚后，钱是她在赚，家务她包办，夫家人是她在照顾，小孩（没错包括我妈）靠她养。外婆明明顶天立地，但看到男人却总是自矮一截，好像身为女人是原罪似的，噢，不只是好像，她确实那样认为。

我常常会因此生外婆的气，一方面是气她不尊重自己，对自己不好，另一方面则是气她不仅不尊重自己，也不尊重所有女人。但想起外婆的经历，其实内心深处气的是自己，对于外婆所受的苦帮不上忙。

外婆说过的故事里，我印象最深刻的是她讲那个镇上最美丽的女人的故事。外婆说，年轻的时候镇上有个非常漂亮的女人，走到哪儿都有人盯着她看，后来那个女人结婚了，跟先生一起出门时，路上其他男人依旧爱看她这样的美女。有一次，外婆刚好跟这个美丽的女人与她的先生一起搭公交车，公交车上的其他男人又忍不住盯着美丽的女人猛看，她先生发现之后，手一抬就在公交车上狠狠地揍了那个美丽的女人一顿，边揍边咒骂她不要脸，勾引别人。车上没人敢吭声，外婆则眯着眼睛别过头，吓坏了。

外婆讲这个故事的时候，表情既惊恐又心疼，她说这样的事情，在她们那个年代常常发生。

我听了非常恼火，很想告诉外婆：那个年代已经过去了，不用害怕。但实际上似乎不是这么回事，现在虽然很难看到丈夫因为妻子美到被路人注目，就公然在街头上演家暴，但因为妻子太有魅力而限制其行动，或在隐晦之处施行虐待的丈夫还是有的。又，现下社会依旧认为女人隐藏自己的情欲与美丽是种美德，因为女人的一切美好应该只属于她的丈夫。

每次当我们在批判一个女人骚、贱，被侵犯活该、是她自找的……我们就像那个丈夫，打他的妻子是因为他认为妻子没有把自己的美丽藏好。

外婆有她那个年代必须小心翼翼的事，我们也有我们这个年代必须小心翼翼的事。“规训”一直都存在。其实我很明白外婆的心情，她相信女人要是不乖乖接受规训，下场会很凄惨，所以她才要经常管我穿什么、做什么，她怕我不被社会所接受，会难以生存，外婆想保护我。

爱管归爱管，但外婆的个性其实十分温柔慈悲，善良又积极，她走到哪儿都大受欢迎。邻居都爱跟外婆黏在一起，菜市场的摊贩看到外婆就开心，什么都多送给她，每个来家里的客人都对外婆的慈爱念念不忘，连去看医生，外婆都能跟医生和护理师成为朋友。大家都阿嬷阿嬷地叫，说阿嬷好亲切，好喜欢阿嬷。

但外婆这样一个大能量、有爱、撑起一片天的女人，对自己一生的成就虽感到骄傲，其中却掺杂着幸存的恐惧与伤害，因为她相信女人的幸福，得用压抑自己、服从男人、受尽折磨才换得来。所以外婆重男轻女，男人们不用压抑、服从，也不用受尽折磨，就有机会能得到幸福与成功，所以，男人生出来等于赢在起跑线。

所以，想也知道外婆在日常生活中，会讲出什么贬低女性的话，搞得家里的女人比如我妈我妹，经常就会翻白眼、左耳进右耳出。她们都尽量忍住不顶撞，唯独我最常暴走，跟外婆吵架完全不客气。

当那天男友站在餐桌旁准备入座，外婆脱口而出“你是男人，男人最大”的时候，我顶撞的话本已经冲到嘴边，但忍住没说。一方面懒得说，毕竟同样的事我已顶撞过两百次，外婆依旧觉得男人最大，另一方面，眼前满桌佳肴这么香，懒得跟她吵了，先吃饭吧。

说时迟，那时快，没想到我这一秒才在心里放弃顶嘴，下一秒我妈不知哪来的狠劲，突然对着外婆喊：

“什么男人最大？现在整屋子的女人你竟然说男人最大！”妈妈的语气是又气又好笑，不带攻击却带一点调皮的。表姐紧抓千载难逢的机会，跟着附和：“就是啊！重男轻女！”

我妹被这一幕笑到又是拍手又是拍桌，我在一旁看傻了。难得遇到这种情况最激动的不是我而是我妈，我简直不敢相信自己的眼睛和耳朵。待我反应过来，马上加入妹妹的行列，拍手叫好，放声大笑。

混乱中，妈妈又喊一次：“整屋子的女人，你把我们放在哪里？重男轻女！”

被众人炮轰的外婆自己捂着嘴笑说：“我是十六世纪的人，我没办法啦！”

“知道就好！”“重男轻女，哼！”“自己是女生还这样！”大家七嘴八舌。

这是我出生以来，第一次看到家里所有的女人炮口一致放胆对着外婆轰，以前大家都只是各自抱怨，各自隐忍，各自小规模反击或不反击，像这样大大方方地为自己站出来真的是第一次啊。且不是以盛怒之心指控，是以一种混杂着长期以来反复纠结、放下、纠结、放下，与对家人的包容和关爱所酿出来的幽默语调，笑着说：

“妈，你坏坏。”

“外婆，你坏坏。”

“奶奶，你坏坏。”

多么不容易，我们各自付诸多少努力才等到这一刻。话在说出口之前经历了多少千回百转，如今释放出来的，伤害成分已经很低很低了，甚至低到可以一笑置之。也因为如此，外婆能够笑到一会儿捂脸，一会儿捂嘴，很不好意思地对整屋子的女人说：“对啦，我坏坏。”

# 我妈 / 爸不喜欢你

“我妈 / 爸不喜欢你。”这句话很值得分手。

每次听到这样的话，我都会在心里这样想，但有时候脑子想分手，心里却舍不得啊，只好笑笑回：“哇，你口味跟你爸妈还真不一样。”

大部分想结婚的人，都很怕被对方家人不喜欢，其实有什么可怕的呢？全世界的人都有权利不喜欢你，他家人当然也不例外。难不成大家都该喜欢你吗？没有这回事。另外，结婚对象的家人不喜欢你，那是他与他家人之间的问题，你不需要介入。

毕竟都要结婚的人了，为自己的选择负起责任，这很基本。他家人不喜欢、不尊重他的选择，他要负责去沟通协调，要去面对这个长久以来的问题——也就是在家中不被当成大人的课题。为何他的父母自认有权决定他的结婚对象？

那是他跟父母之间有悬而未解的纠结，他在家中还没有被视为一个成人。

父母没把他视为成人，他得去为自己争取成长。他不争，就一辈子没办法为自己做主。没办法为自己做主的人生是永无止境的“鬼打墙”，想着这里却必须去到那里，想做这个却必须做那个，永远虚耗能量。这样的人活得很苦，而他的父母也很苦，因为权力不肯下放，责任就永无交托之日。活到六七十岁，小孩都成家了，还无法放松与信任，一生劳心劳力却换不到爱，悲苦。

回到“我妈／爸不喜欢你”，我觉得这句话根本就不该说出口，除非后面接的是：“这是我的问题，爸妈已经习惯掌控我，我一直没有勇气处理，连累到你我很抱歉，我承诺你，我会努力面对，好好解决。”除非伴侣有这种认知，不然讲出“我妈／爸不喜欢你”这种话，十之八九是想要展开一连串的绑架与勒索。他在等着你帮他解决，他在等着你说：“我会努力让你爸妈喜欢我。”

千万别中计。

跟原生家庭有纠结的人，都会盼望遇上一个强而有力的伴侣，把自己从原生家庭中拔出来，期待伴侣当那个拯救者。简单来说就是他无力处理自己的问题，想要拉一个人来挡。如果你傻傻地帮他挡，要不是你先入地狱，他再找下一个人来挡，就是两个人一起入地狱。

爱当然要爱在天堂，为什么要爱在地狱。如果你不想被勒索，可以转头就走，如果已经舍不得走，就得锻炼伴侣去面对父母。遇到心脏强一点的，就吼他："你给我长大！长不大你就一辈子被掌控！"遇到心脏弱的，可柔性（拍肩）劝说："你可以的，加油。你跟父母是平等的，每一次见到爸妈，就抬头挺胸，在心里站得直直的，爸妈没给你位置，你自己给自己位置。跟爸妈沟通时，提醒自己不拉扯、不指控、不受害。不必一次到位，每次进步一点点就好，但要坚持。"

总之好好锻炼伴侣，可以严厉，但也要疼惜，毕竟那是他最脆弱之处。陪伴他走过这段历程，但不需要帮他挡剑，也不需要为了讨好他而讨好他的家人。他要为自己的选择负责与奋斗，你也要。人生在世很简单，自己的问题自己面对。

谈恋爱很畅快，不只是因为能疯狂做爱，还因为亲密关系会召唤出我们所有的创伤，于是各种戏码就会像猛虎出闸一样冲出来，杀你个措手不及，超刺激。也就是在这个时刻，我们能拾回那些没跟着长大的、错落遗留在时间里的碎片。一旦碎片捡齐、拼好，身跟心就没有时间差，人就舒畅。

基于这一点，我觉得**结婚还是蛮有好处的，不是承诺白头偕老，是承诺从现在起不再闪躲，愿意承认所有的自己。**

# 我结婚了

说到结婚，我本来没特别想过自己想不想结婚，直到看多、听多了婚姻鬼故事之后，就开始嚷嚷不结婚。大部分的人都被我冷静知性（有吗）的外表所蒙蔽，以为我是个不婚主义者。其实，我没那么有主张，我只是孬，我是“恐婚”，不是“不婚”，这很不一样。“不婚”是一种选择，一种主义，尤其加了“主义”两个字多神气，好像还带点学术感。至于“恐婚”，就跟字面上一模一样：对婚姻有所恐惧。恐婚并非出于选择，而是一种身不由己的状态。

但人真的不要铁齿，常嚷嚷不要这样不要那样的人特别容易自打嘴巴，为什么呢？因为你每一次嚷不要，都在给那件你不想发生的事情焦点与能量，它才不管你想不想要呢，你一天到晚用潜意识喂养它，喂得那么壮，当然时间一到就得收成。于是我嚷着不结婚不结婚，甚至在亲朋好友又催促我为什么没有男朋友、是不是标准太高时，我都回："我在等多元成家。"但没想到过没多久就立刻自打嘴巴，不但交了男朋友，还接着闪婚。

其实我并不是一直以来都抗拒婚姻的。过去和法国男朋友在一起的时候，也曾觉得随时可以结婚，缘尽则离，没有天长地久的压力，不会感觉被束缚，但也因为如此，婚姻反而可有可无。恐婚症是我从巴黎回到台湾才开始发作的，这当然要归功于我外婆周期性的逼婚。依外婆逼婚的程度，让我不禁好奇，到底结了婚的女人是有多快乐、多胜利，何以外婆会把没结婚的女人视为废物？为了解开这个疑惑，我开始关心身边的已婚族群，以及网络上、书籍里各种与婚姻相关的讨论，不看还好，一看就开始恐婚了。

因为在那些故事里，传统婚姻中的女人，好像很容易不知不觉成为免费女佣、免费代理孕母……女人到婚姻里就演起了无价值的角色，令人不禁唏嘘。我认真怀疑：人类历史上最早的工具人，就是媳妇了吧？妻子在夫家被视为纯粹的劳动力，仿佛是很自然的事，不仅如此，劳动的范围还远超乎我的想象。

我甚至收过不止一个男读者来信，表示非常介意女友过去的性经验，信件读至此，我以为他的不悦是来自对圣洁纯真女体的幻灭，没想到他介意的是：性经验那么丰富的女人，说不定子宫已经耗损，已经不能生育，那我岂不是很倒霉，干吗娶一个不能生育的女人？

看完信换我幻灭了，我以前还没往这个方向想呢，原来女性工具人的业务这么广，连子宫都是嫁妆的一部分。

尽管部分婚姻对女人如此不友善，许多人仍前仆后继地结婚，还有些人说结婚是为了生小孩。大部分的人都认为养育小孩一定要有个完整的家庭。所谓完整的家庭，指的是由一个爸爸、一个妈妈，加上一个或数个小孩所组成的家庭。好像不是这样的组合就不够格养育小孩，于是不管怎样都要达成一个爸爸、一个妈妈这个基本条件。

问题是，世界上多的是这种组合却糟到不行的家庭，连一点点完整的边都沾不上，那不叫家庭，倒是可以直接称为悲剧制造厂。见过悲剧制造厂的人都会相信，成员是否有爸有妈真的是其次，有爱才是关键。对于家庭成员的执念，让很多人牙一咬、眼一闭婚就结下去，尽管内心深处知道对方根本不合适，也管不了，先凑足了一个爸一个妈，其他的再说吧。

很多人是这样展开苦闷的下半生的，想当然，含泪养育的小孩不会快乐到哪去。我常在想，会不会找个好精子结合，自己把小孩养大，都好过一场烂婚姻？至少孩子不必目睹婚姻里的受害、交换与牺牲。

当时，我真心觉得何苦结婚呢？但我外婆显然不这么觉得，她觉得女人唯一的存在意义就是结婚生子没有其他，就算对象再烂，有结都胜过没结！记得我三十岁生日过完没多久，整个人还在飘飘然呢，外婆却冷不防地飘到我身后，说："我在你这个年纪的时候，人生的义务都尽完了，你呢？"

可想而知当我后来决定结婚，这个世界上最爽的人除了我老公，就是我外婆了。那天我跟未来的老公一起坐在外婆身边，告诉她我们要结婚，外婆在一秒之内双手掩面，然后痛哭，是那种痛哭失声的哭。我了解，以外婆的个性她一定会哭，但没料到会是这种程度啊！我们姐妹都被外婆的反应感染得一把鼻涕一把眼泪，我妈跟我爸在一旁笑呵呵，老公则一脸呆滞。

外婆如此激动，搞得我好慌。她边哭边说这辈子做的好事总算全都有了回报，老天终究没有辜负她，谢天谢地孙女总算愿意嫁了，然后哭得像小孩一样握住我的手："雅晴，雅晴，这才是我的雅晴。"接着对我老公说："谢谢你，真的谢谢你，别人她都不喜欢，就只喜欢你。"简直像是濒死病患被救活之后家属下跪感谢医生的场面，而我当下才知道原来外婆是真的、真的、真的那么需要我结婚来圆满她的心，如果我没有结婚，她人生就会有个巨大的洞，让她心头时不时就给冷风吹。

结婚又不代表人生从此就一帆风顺，为什么对外婆或者很多人来说，结婚永远都是人生幸福的唯一解？看着外婆号啕大哭，我很是心疼，同时也觉得谢天谢地幸好我结婚了。外婆渴望了一辈子的东西，刚好我有，而且也给她了，好险啊。

无论如何能让外婆开心，我很高兴，尤其外婆的开心不是由我的牺牲所换来的，真好。外婆一生为了让别人开心，牺牲了无数。她一直在牺牲，不断地牺牲，她是这样活过来的，而在她的时代，恐怕也没有其他选项。所以外婆常常希望我也牺牲一些什么，来换得别人或者她的圆满，比如经常怂恿我跟不喜欢的人约会，然后碎念："没感情可以培养，年纪都这么大了不要挑剔。"

我当然一次都没答应她，这不仅仅是出于我对自己的爱，也出于对外婆的爱。我用拒绝妥协切断外婆的牺牲模式，替她跳出她那代无法跳脱的框架。对她来说，听话才是她的好雅晴，但我心里明白，不管怎样我都是她的好雅晴，她不认也不行。

结婚时，我和老公没宴客，只简单去登记，登记完在熟悉的餐厅跟朋友聚餐。我跟老公第一次约吃饭就是在这间餐厅，那个饭局不算是约会，我压根儿也没想过会跟当时坐在我左边的人结婚。然后一次又一次，我们又约在这个餐厅碰面，直到登记结婚的这一晚，我们也在这里。我跟好姐妹们跳了一支舞，当作送给老公的惊喜，后来老公也加进来一起跳，场面十分欢乐。

前来的朋友们无一不损我："不是说此生不结？""想不到你也有这一天啊。""杨雅晴，你真的是我见过最会自己打脸的人。”吼吼！很烦，但毕竟是自己放的话、造的孽，也只能乖乖被嘘。但朋友们虽然嘴很贱，一直嘲笑我自打嘴巴，临走前仍一一来到我面前真挚地祝福我快乐与幸福。我很感恩地回复他们：“谢谢你们来，不管我这辈子结几次都要来噢。”讲完自己放声大笑。

最后他们一个接一个走向老公，拍拍他的肩膀说：“你厉害。”

就这样，我结婚了。

## 真爱是业力

“结婚有比单身好吗？值得吗？”单身朋友最爱这样问我了，但我答不出来。

单身的人很容易产生一种幻觉，就是认为自己是世界的废渣，活着只是浪费地球资源而已。“我到底有什么问题？为什么交不到男/女朋友？谁可以告诉我我到底哪里设定错误？”我单身时也觉得自己绝对有什么重大残缺，才会全天下都在秀恩爱，只有我没有性生活。我没有恋爱可谈，我距离婚姻有三光年之远，我是次等公民。而邻居跟同事也会因此一口咬定是我太挑、太嚣张、太难搞，一切都是我的错。

有了伴侣才知道单身真的没有比较不好，只是不一样而已。单身的时候我可以说我是谁，我个性如何如何，我喜欢这个讨厌那个，我以为我是什么样的人我就是什么样的人。但有了伴侣的生活，是从此以后鼻头前方挂一面镜子，如影随形、阴魂不散。我不用说我是谁，我个性如何如何，什么都不用讲，亲密关系就会直接把我实际上长什么样子直接映在我自己面前。

伴侣随便一个无意的小举动就可以引发我们不知道几岁发生的，甚至根本忘记了的创伤，接着情绪便会狠狠地涌来。有时候是爽事，比如老公帮我抓抓背我就高兴到不能自已，因为小时候外婆会帮我抓背哄我睡觉。有时候是不爽的事，比如我在老公面前为了一件小事而哭，明明老公没有做出什么反应，我却怕得要死，因为过往某段恋情中，只要我一哭，就会被嘲笑或者威胁遗弃。

既然是亲密关系，当然不会只有我的戏份。我喜欢抓背、我怕被遗弃，老公也有自己的问题，他可能非常讨厌遭受质疑，或者痛恨被要求刷马桶（随便说说举例，大家不用乱猜啦）。每个人都有自己的恐惧，而这恐惧在亲密关系中会无所遁形。

而比恐惧更精彩的是，人会创造出各种阴谋来掩饰或逃避恐惧。比如为了不被遗弃，就用牺牲去交换爱，翻成白话文就是：怕你会不理我不爱我，所以我拼命付出，你的付出远不及我的付出，于是你对我感到有所亏欠，就不敢离开我。又比如，利用自己的失败来控诉对方不是够好的伴侣，逼对方做出补偿。还有一种模式也经常看到，就是为了避免受伤，干脆不认真经营关系，不是在外面搞出一堆备胎，就是天天在家演个活死人。

总之，在亲密关系中，我们因为无法处理自己的恐惧，都会对伴侣做出很恶劣的行为，不仅明着暗着改变对方以提升自己的利益，还理直气壮、一犯再犯。

"试图改变你的伴侣，就是在无意识中暗示他没有好到值得被爱。"（摘自《爱从接纳自己开始》）没错，试图改变伴侣真的是十分恶劣之行为，但我还挺接纳自己这份恶劣的。拜托，如果我可以做到完全接纳伴侣或者说完全接纳自己，显然已达到涅槃的境界，我的肉身肯定已经在其他次元而不是这里了。作为一介草民而不是神仙，经常跟老公进行卑劣的权力斗争，如此小我之爱实在是再平常不过。我一点都没有为自己的恶行感到天崩地裂，倒是挺庆幸能跟老公狼狈为奸，走上修行之路。

**结婚并非王子公主从此以后过着幸福快乐的日子，除非**

**你认为锻炼身心灵很幸福快乐**，那结婚就是幸福快乐的。很久很久以前，大约情窦初开时期，我以为爱情就是幸福；再大一点，也就是已经不纯情的年纪，我发现爱情是情欲（性冲动）；现在呢，结了婚的我透彻明白：爱情是业力。不是冤亲债主哪会相约来互相伤害呢？真爱的结合，绝对就是业力的至高展现无误。至于真爱的承诺呢，我之前误以为是立誓相爱一辈子，噢不，我现在很清楚所谓真爱的承诺，就是累世的业力这一世结清（哇哈哈哈哈哈哈）。

虽然婚姻并非什么粉红色的爱情甜果，但平心而论，能够跟一个自己所选、所爱的伴侣一起做人生课题，感觉还是蛮好的。且每一次咬牙切齿、痛哭流涕过后，都能够感受到自己比过去更有力量。多棒啊，自己的扩张自己见证，自己的成长自己来。

“结婚有比单身好吗？值得吗？”

好不好、值不值得我依旧答不出来，但我会以一抹甜笑，搭配一句听来很有哲埋实际上也很有哲理的话，赠予提问人：

“单身可以活得很好；而结婚，可以活得很大。”

## 女儿呀！

怀第一胎快生的时候，我的肚子绷得像轮胎一样，躺也绷，站也绷，移动的时候更绷，没有一刻不绷。这种诡异的感觉前所未有，所以我自己认定应该是快生了。

天啊，竟然要生了。老实说整个孕期我都很少跟肚子里的女儿讲话，算是一个失职的准妈妈，直到意识到没剩多少时间了，才有感而发地跟女儿聊起天来。

女儿你快出来了呢，真是不可思议。大家都说孕妇开心最重要，怀孕要随时保持好心情，宝宝性情才会稳定。但你知道的，你妈不是个随时都有好心情的人，我猜这世界上没有这种人。

知道怀了你的那个月，又打官司又出车祸，紧接而来一连串人性考验。对于这一切，本来我很灰心丧志想放任自流，但一想到你将是我的三百六十度全身照妖镜，所有我不愿面对的都会影响到你，心一横就拼了，我自己的课题自己做，如此你才有更多的空间活出你的人生。你妈是这么样地豁得出去，所以我猜你降临人间学到的第一件事就是不退缩。

刚讲到孕妇要保持好心情，我这段时间拼命面对自己，不是羞愧忏悔就是咬牙切齿，而且体重跟身材一直往我不习惯的那个方向去，五脏六腑时不时也变得很奇怪……种种原因，我心情自然是不那么愉悦。但我不觉得这样叫作心情“不好”，也不怕如此会伤害到你。一来，你会选择当我女儿，绝非省油的灯，我不必战战兢兢保护你；二来，你所感受到的我的情绪，全都很真实，真实比“好”还要有力量。你要知道，你妈不是个好女人，是个真女人。好坏可以由人诠释，但真假不辨自明，恭喜你还没出生就可以体验这份真实。再说，爱不是二十四小时的，你懂吗？尽管我大部分的时候很喜欢自己，有时候却会很讨厌自己，对自己对他人都一样，我有时候爱这世界，有时候怨恨这世界，因此我活得很精彩，你将来也会有这样的体验。

都没讲到你爸。你肯定感受到我非常爱他，虽然他在这段孕期常常表现得很蠢。你不是孕育在他肚子里，他无法体验我的感受，难免会做出一些人神共愤的无良行为，但他很努力改变，我知道。以前，他的世界只有他自己而已，现在他正学着将我、将你都纳入愿景之中，这对他来说很不容易，任何一个人要脱离旧模式，都是很不容易的。你爸跟我同样选择了真实，同样咬牙切齿地面对自己。你爸比我更了不起的是，我做这件事已经十几年了，而他才刚开始，那冲击的力道可是相当惊人，但他接下了这个战帖，没有逃避。我见他为此忙得焦头烂额，受挫时愁眉苦脸，打从心里敬佩他。我尊敬这个男人，也怜爱这个男人。我对大男人没兴趣，对小男人也没兴趣，我要的是跟我旗鼓相当，能与我并肩而行、互相带领的男人，你爸就是这样的男人。我俩是天作之合，你选得好。我可爱的老公，你的爸爸，我猜你出来之后会很黏他。

最后，你在子宫里待了三十六周，玩够了吧？再让你温存一个礼拜，下礼拜就可以出来了 OK ？我再忍一个礼拜没关系，但是超过一个礼拜就会开始有怨气，所以我们来商量一下，十二月二十一到三十一日之间出来如何？不要等到一月了，我想赶快卸货！

亲爱的女儿，这个世界超级欢迎你，你才鼻屎大、连脊椎都没长出来时，就已经有一堆女神男神抢着要当你干妈干爸，这些干爸干妈送你的礼物已经堆成一座小山，你快出来收！记得噢，轻易地、无痛地，五分钟问世！一出来你就会看到一个美女迫不及待要抱你，那就是我，接着你爸也会抱你，然后一个接一个的拥抱，有时是别人抱你，有时是你抱别人，抱来抱去，许多情感与奇迹在其中流动着，就这样一辈子。

（写完这篇文章之后，过了整整一个月女儿才出来，臭小鬼。）

## 不可逆的旅程

怀孕后期我每天都在等女儿出来，整整等了一个月，破水那天多亏老公临危不乱，不到三十分钟我已在医院的待产床上躺平。当时子宫颈开四厘米，大约五分钟宫缩一次，老实说没有很痛，但蛮不舒服的。护理师表示吊完点滴才能打无痛，好不容易点滴结束，麻醉师依约出现，步伐悠哉悠哉，他走进来的时候什么话也没说，但眉宇间浮现出潜在对白："嗯哼，从早上到现在已经帮七万多人打麻醉了，一碟小菜罢了，噢不，是一粒远方来的尘埃。"

我被卷成虾子，光溜溜地对着医师，姿势好丑，真不愿意，可恶。冰凉的麻醉药从脊椎不知哪一节注入，腰部以下很快便失去痛觉。好神奇啊，我以为麻醉药会让下半身彻底失去知觉，没想到仍可以感觉到待产床的温度与棉被涩涩的质感，触觉被保留下来，唯独"痛"这件事消失了。"怎么办到的啊？"我一边好奇着，一边沉沉睡去。

生产前听过很多待产十小时、二十小时、三十小时的例子，每次听到这种故事都会受惊吓，待产那么久谁受得了？但我凌晨两点多躺平，到早上十点多进产房，算一算也有八个小时，感觉却是转眼间就过了，为什么呢？因为打无痛会失去时间感。偶尔发个呆、打个盹儿，回神过来问老公过了多久，老公回“四十分钟”吓坏我。我的感知顶多四分钟啊，哪里来的四十分钟？请问我刚刚去外层空间旅游了吗？我的四分钟等于地球的四十分钟吗？时间变成一种非常迷幻的存在。

待产床旁有一台测宫缩的机器。前面提到所谓不舒服的宫缩，强度为五六十，但几个小时内宫缩强度就飙破一百，而且一分钟缩一次。老公看着机器上的恐怖指数，忧心忡忡地问：

“老婆，会痛吗？”

“完全不会啊，一点感觉都没有。”我答得十分逍遥，还一边玩手机，逛网拍、聊天。被我骚扰的朋友们，一知道我正在待产，反应都是：“你为什么还可以玩手机聊天？不是应该痛到快死掉吗？”

就真的不会痛。

无痛分娩真是人类史上最伟大的技术，产妇与陪产人都该歌颂它。像我，宫缩强度才五六十就已经很不爽了，若破百绝对直接跳起来掐老公。又过了不知几小时，子宫颈接近全开，护理师来教我用力。噢，这是目前为止最不好受的部分，下半身完全瘫软无力，却要拼命把子宫往下往前顶，真的非常吃力，没顶几下我的脸就歪掉，但护理师说要一直顶，顶到看见宝宝的头发再进产房。

我乖乖遵守护理师的指令，每次宫缩一来就用力顶，顶到进产房为止。依我吃力的程度，绝对不只是脸歪掉而已，还要加上青筋暴露、五官乱挤，幸好我自己看不到，不然真的会没有勇气走出医院，请直接把我埋在待产床上吧，我不想面对。这样说来，不知道有没有哪间妇产科够幽默，幽默到在待产室放镜子，让产妇可以看看自己有多狼狈，这样的善举可以彻底瓦解产妇对于外貌的执着与幻象，让产妇不仅生小孩，还顺便自我重生。

结果我顶到脸歪掉的用力方法，进产房之后完全没用上，因为护理师与医生发现女儿个头非常，便叫我乖乖躺着，其余的他们来就好。医生跟护理师一边聊天一边做了很多我不懂的事，几分钟后，我看到自己两腿之间有个黑黑的东西，是女儿的头发。女儿生出来了。

“哇，眼睛已经睁开了，很漂亮噢，恭喜你。”护理师把女儿放入我怀里。我原以为自己会感动得痛哭，结果并没有，反而有种奇异又尴尬的感觉。我发现我跟女儿根本不熟啊！这就像在网络上跟某个人聊天聊得很投缘，甚至有种上辈子就相识的错觉，等到真正见面的那一刻却突然整个人清醒过来，瞬间能够分辨出网络聊天与现实面对面讲话的区别。原来文字是文字，人是人。人是3D立体的，有独特的气味、小动作、触感、质地，不论之前聊天聊得多投缘，此刻眼前的人就是一个陌生人。我们常以为理解一个人的想法就理解了他，但事实上还差很远。

更何况长达四十周都在肚子里的女儿，隔了那么多层皮肉，我连她长什么样子都不知道，对她的认识仅止于她在腹中偏好向右踢，打嗝总是打很久，会害我便秘跟胃胀……其实相当陌生。但奇妙的是，尽管如此，我对她却已经有种紧紧相依、无法分离的联结感，世间怎会有如此诡异的关系？

怀里的宝宝比我想象中的大多了，难以相信几分钟前她还在我身体里。第一次看到女儿本人，我的第一个念头是："哈啰，你哪位？"想到刚刚护理师夸她漂亮，嗯，泡在羊水里四十周的胎儿之美，难懂。女儿好像猪噢，而且是一只歪七扭八的紫色小猪，也可说是一颗芋头麻糬。"哈啰。"这是我对女儿说的第一句话，后面那句"你哪位？"忍住没说，心里还是那种奇异又尴尬的感觉……那时候还不知道自己几个小时之内就会爱上这只小猪，而且爱到不能自已、爱到荼蘼的那种程度。

护理师快速地清点了女儿的手指、脚趾、眼睛、鼻子、嘴巴、耳朵，接着便把女儿抓出去见客。此时还在产台上善后的我，依然一点痛感都没有，悠哉地跟医生聊着天。医生一边缝我的伤口一边说法国人的坏话（哈哈哈哈），句句属实、句句同意啊，笑着笑着，已开始期待以后要跟老公和女儿一起去巴黎。

出产房时，竟看到全家人包括九十几岁的外婆、妹妹的老公全都出现了，一群人占满走道的两侧，还在我经过时热烈鼓掌。"你们很夸张耶，还列队欢迎！"我嘴上说得一副受不了的态度，心里滋味却是甜蜜温暖。

哎哟，就这样生完了耶。之前一直许愿五分钟解决，结果到底生了几分钟我根本不知道，但无所谓了，顺顺利利生出来就好，而且全程都不痛，谢天谢地，再次赞叹无痛分娩真是人类史上最伟大的技术。

上次待在妹妹的产房外心情是无比雀跃，这次在产房里，毕竟是亲自上阵，没那么多余力激动，整个人挺平静的。但心里有股清明，知道自己已经踏入一趟不可逆的旅程，将有苦有乐。

不记得是在前往医院的路上还是生完之后跟老公说："原来女儿咪哈一直在等的是这个。"

"哪个？"老公问。

"她在等全员到齐啊，一个都不能少噢。"

在女儿出生前没多久，我们有过一次家庭聚会，虽然没有全员到齐，但很温馨，我原本以为女儿会在那一天出来，结果没有。接着又过了跨年、元旦、家人的生日、我跟老公的结婚纪念日，女儿都没出来。直到这个周末全家再次相聚，两个妹妹也带着老公回来，就像过农历春节一样所有人都到齐。大家玩得好开心，女儿就出来了。原来她喜欢团圆，我也喜欢；原来女儿要所有人都在身边，才愿意出来。

等了一个月，才恍然大悟原来女儿要的是这个，大家都说孩子会自己决定时辰出生，是真的。再想想，恐怕不只是出生的时辰，我们一辈子直到死亡其实全都是自己的决定。

# 愿意

“妹～你怎么每天都这么开心？”我超爱问女儿这句，问时心里总带有几分甜蜜与自豪。女儿早上醒来就笑，吃饭也笑，要睡觉也笑，好像她的世界是全宇宙最美最棒的。然后不好意思哟，我就是她世界里最常出现的人，所以看她每天都这么快乐，不禁扬扬得意。

此刻女儿在床上笑得像迪士尼动画里的那两只花栗鼠奇奇和蒂蒂一样，叽叽咯咯叽叽咯咯地，真是人类史上最动听的乐音。我不停戳她腋下、大腿内侧、脖子，她笑到在床上又扭又滚，非常失控可爱。

“妹～你怎么每天都这么开心？”我又问，可能已经是当日第十八次问这个问题。

“因为你妈很厉害！懂吗？因为你妈很厉害！”一个念头突然冲到脑子，就这样回答了自己。

从生完孩子，搬入新家之后开始，我一直马不停蹄地在适应这样的生活。上网选购家具、家用品，无法在网络上买的，就带着女儿一起出门采购再扛回家；一边张罗女儿的吃睡、陪女儿玩，还要收包裹、拆箱、组装、安置……全都是粗活儿，且大多单手完成，因为另一只手要抱女儿。

就这样一点一滴地把整个家弄起来了，还有美丽的小花园呢。这段时间真的很劳累，但我仍把女儿照顾得很好，一丝都没让她受冷落与委屈，认真想想自己实在好厉害啊。

到底是怎么做到的？我也不知道，可回忆起来一点都没觉得苦，只觉得神奇。也许是因为跟女儿一起做任何事都像在玩吧，常常我只是一边做家事一边手舞足蹈讲疯话，女儿就笑得东倒西歪，黏在我腿上不走。我洗碗的时候会把女儿放在游戏床里，一边洗碗一边探头看她，每次探头都伴随着大喊，喊什么？随便乱喊，总之逗逗她。这么简单的游戏，就能让她兴奋到像搭云霄飞车那样狂叫，在游戏床里啊啊地跳个不停。她快乐我也快乐，事情也做好了，像施了魔法似的。

在家是这样，外出也差不多。过去自己一个人出门，两手空空很清幽，然而现在带着女儿虽没那么轻便，却可以沿途“骚扰”女儿：“妹～你看，这是辛亥路，树很多对不对？妈喜欢树噢，你喜欢吗？喜欢吗？喜欢吗？”诸如此类，明知女儿不会回答，却问个不停，说个不停，好嗨啊，原来能够尽情“骚扰”一个人的感觉是这样的舒畅甜蜜。

总之照顾女儿的分分秒秒皆是全力以赴、毫无保留的，所以每天都累到不是沾枕头就睡死，是光想到枕头的形状，想到那个长方形，就能一秒进入“弥留”。尽管如此，只要女儿一过来抱大腿，我就融化了，紧接着耐心与体力又会像杰克的豌豆那样长出来，再跳一支舞也行。

这就是带小孩最神奇的部分吧？一次又一次，发现自己对女儿的那份甘愿总能无限扩张，被自己的爱深深感动。不只是带小孩，**生活中很多时候被自己感动，都不是因为看到自己很好，而是看见自己有多么“愿意”。**

## 不可以

女儿咪哈五个月就会爬，六个月就会站，八个月已经扶着家具整间屋子到处跑，九个多月时，每天最开心的行程是抽屉柜子巡礼。只要看得到的抽屉柜子，不管有把手没把手，她都有办法打开。但她未必会把所有东西都翻出来，有兴趣的她才拿，没兴趣的看都不看一眼，比如口红，我拿某个色号给她，她还会撇头表示不屑呢，哼，古灵精怪的小家伙。

抽屉柜子巡礼是百分之百爽到她累到我，自从她发现这块新乐园之后，我每天收东西收到手软脚软。她现在还不会自己走，光是扶着家具搞东搞西，就累歪我了，之后会跑会跳，活动力更强时，岂不天天拆屋？光想就觉得恐怖，当然不能让这种事发生，咪哈该开始学习规矩了。

那时我一直在想，要怎么跟她说“不可以”，让她知道有些事不可以做。上网搜索也搜不出个所以然，教养文章都写得好有条理，可是我看完两百篇依然不知道怎么做。当咪哈伸手拿她不该拿的东西，如剪刀、热水杯、玻璃瓶，我只能抢在她到手前把东西移走，但她看到我把东西拿走，只会一脸兴奋，以为我在跟她玩什么“来追我啊”的游戏，手伸得比刚刚还要长，眼神比刚刚更炙热，一副非拿到不可的表情。

对于一个婴儿，到底怎样能做到适切的制止呢？又，九个月大的婴儿翻箱倒柜是多么自然又合理的行为，根本是天性使然，我如何能阻止一个婴儿发挥天性呢？最简单的方法：拿不该拿的东西就揍下去。可是我哪下得了手？我怕我还没揍人就先在旁边哭，那就太失态了。跟她讲道理吗？自己都觉得有点尴尬，实在没把握九个月大的婴儿可以听得懂我在说什么，光想就觉得有难度。

哎，到底该怎么管教？我可不想变成人体收玩具机，况且不趁现在教，等她大一点，吃完东西不收拾、用完东西不物归原处、脱了衣服不丢洗衣篮，我的生活不就死透透？拜托，没这回事。打铁趁热，教儿趁早，我一定要想出解决的办法。

正苦恼着，就听到一段十分动听的话："他们是活了几百世的灵魂，什么烧杀掳掠没干过，只是现在装在婴儿的躯壳里罢了。你要讲什么就直接跟他们讲，他们全都听得懂。"

"就这么简单？"我内心大惊。后来仔细想想，这事看来简单，其实又没那么简单。以前养狗时，很清楚地感受到话语的力量在于讲话者的意图与能量，不在话语的内容。笑着跟妮妮说："笨小妮，我要咬你。"她会亲密地对我折耳朵表示臣服；但若皱着眉头说："你好可爱。"她却会恼火瞪我。狗眼看人低不是空穴来风，狗狗不仅可以读出话语背后的意图，还会读能量，它们知道谁气场强，谁好欺负。狗都不好糊弄了，更别说婴儿。

所以我知道我在对咪哈下指令时，内心要有一份笃定。那份笃定来自我有能力把自己管理好，我要求咪哈做的事情，是对我来说同样理所当然也要做到的事。不需要凶狠，也不用讨好，而就是笃定。当我所说的话是连我自己都不会违背的承诺，那么收到话的人，会马上明白这就是我立下的界线与规矩。有明确的界线与规矩是好事，如此一来，咪哈便不需要一直揣测，也不需要试探，心里反而稳当、自由。

九个月大的咪哈一边翻抽屉，嘴里一边念着咿咿呀呀吧哺嘎的婴儿语，我听不懂；我听不懂她的语言，但她却听得懂我的语言？想来很奇妙，明明我也曾经只有九个月大，却一点都想不起来那时候的自己整天咿咿呀呀到底在讲什么；再想想更神奇，每个人都曾经是婴儿，但没有人知道婴儿在想什么。

“咪哈，从今天起，你要开始学习‘不可以’。”我觉得我调适好了，心里已有那份所谓的笃定，于是坚定地告诉咪哈。

说完这话，我意识到，一旦她的世界有了明确的“可以”与“不可以”，一个身为人的二元对立就展开了，接着她就要用一辈子的时间在二元当中创造合一。直到有一天她发现“可以”与“不可以”其实是同一件事，那时她可能又要离开了。

## 前世情人

朋友常说，女儿咪哈像我的前世情人。蛮有可能的，因为她英气十足，而且很受我使唤。

据说小孩两岁以前都还保留着胎内记忆，只要小孩讲的话你听得懂，大可以问问他在妈妈肚子里都做些什么，或者甚至是进到妈妈肚子里之前的记忆也能问。我有位朋友等这一刻等了两年，在儿子表达能力差不多到位时，便抓紧机会问："你进到妈妈肚子里之前在哪里？在干吗？"儿子回答："在树上，在看妈妈跟爸爸，在等。"另一个朋友的儿女则说，他们在排队谁先进妈妈的肚子。

哎哟，竟然有这么神奇的事，搞得我也好想赶快问女儿，进到我肚子里之前在哪儿？在干吗？可惜她还不太会讲话，但倒是听得懂。

咪哈九个多月大，还是一团麻糬的时期，就听得懂人话了。有一次她在地上玩木球，一个手劲稍强了些，把木球滚到超出视线范围的桌角。我见状，顺口便说："球在桌子下面，柜子前面那里，看到了吗？"结果她还真的往桌角那儿望去，不一会儿就爬过去把球给捡回来了。我当时有点惊讶，但没养过小孩，也搞不清楚九个多月大听懂人话是正常还是神婴，只觉得"哎哟我的宝宝，你好聪明好可爱哟"，接着抓来亲两百下。

第二次类似的惊喜，是她周岁前一天，姑姑送她一组木制下午茶玩具当作生日礼物，里面有各种可爱的杯杯盘盘与餐具，还有莫名其妙的生菜、水果、小香肠。咪哈最好奇的是其中的烤面包机，一拿到手就把两片木头吐司塞进去，接着把手指也伸进去，试图拿出吐司。我远远看着，又随口说："咪哈，你要按旁边的草莓按键，吐司才会弹出来，这样你才拿得到。"我没管她听不听得懂，就径自对她说。她听完真的伸手按旁边的草莓按键，吐司"咻"一声弹出来，她好开心，一边笑一边转头对我露出骄傲的神情。

"竟然全听得懂！"这可不是过来过去、打开合上这种二分法且看手势就可遵循的简单指令，而是涵盖了细致动作、需要相当理解能力的句子，一岁的咪哈竟然听得懂。

哇，这下我开心了，女儿不是跟我有好几世的缘分，心有灵犀一点通，就是天才。无论是哪一种，我都知道从此以后可以尽情使唤她了。

“咪哈，那本书拿过来给我。”“咪哈你在这里等，不可以碰桌上的东西。”“咪哈，这个借给你玩，但是当你不玩的时候要还给妈妈。”“帮妈妈把这些拿去垃圾筒丢掉。”……各种复杂指令，她都照做，且完成任务时会一脸荣耀的模样，好可爱。她比妮妮还要像狗，想当年妮妮完全不屑当我的小帮手。

但咪哈虽然听话，却不是好惹的婴儿。前几天一块儿玩耍的小孩因为抢积木而对她大吼大叫，还挥手作势要推她，我在远处偷看，很好奇她会怎样，结果她竟然一脸若无其事地吼回去了，笑坏我，她用她嫩嫩的婴儿语吼对方，咿咿呀呀哺吧嘎，虽是一阵萌音，但气势完全没在客气。另一次是朋友的小孩拿了咪哈喜欢的玩具，但不愿意跟咪哈一起玩，就跑进房间里，咪哈见状二话不说追了上去。朋友的小孩跑，咪哈爬，却追得又快又狠。我原以为朋友的小孩会拿着玩具又跑出来，没想到几分钟后，听到朋友小孩的尖叫声，接着是咪哈拿着玩具爬出来。八成又是靠气势抢到玩具，咪哈真不是省油的灯。后来他们俩不知怎么协调的，就一起玩那个玩具，没再抢了。一个摇摇跳舞，另一个拍手笑嘻嘻，超可爱。

看咪哈跟别的小孩互动，就知道她是个有力量的家伙，但在我面前任我使唤时，她是个臣服于妈妈的宝宝。

咪哈周岁生日这一天，我做了一个梦，有妮妮和咪哈。

梦里，妮妮说她当了我好几世的女儿，但这世选择当我的狗，是为了让我轻松。她承诺陪我到天涯海角，只给我甜蜜，不给我烦恼。这是真的，妮妮只有一点多公斤，很好携带，潜入音乐厅、超市、重要会议，她都安安静静不出声，从未被发现。十年来不曾翻咬我的东西，也不曾乱吠。我没教她，她却会自己去厕所大小便，早上睡醒后自己从小楼梯下床喝水，喝完再回床上等我醒来。妮妮为我带来所有的美好，却没让我辛苦过。梦的另一段来得很突然，我本来在别的梦境中，这一幕却跳进来。是咪哈，咪哈站在我身边，打扮看起来像中世纪的人，再仔细看，手上竟然拿着长剑，原来她是我的贴身侍卫，我的骑士。那一世她为我奋不顾身、献出性命，死后与我相约，这一世要当我的女儿，享尽我的疼爱与呵护，与我紧紧相依。

梦醒之后，我大哭一场。

# 把自己爱回来

咪哈算勇于冒险的小孩，不管去哪儿都铆足了劲儿玩，一副没什么顾虑的模样。但她也不是那种总在第一时间就全然豁出去的孩子，遇到比较有挑战性的项目，她通常会观察一会儿，先尝试一小部分，若当时能克服恐惧就冲，若有点怕就等第二次、第三次再完成。

比如溜滑梯。她不到一岁就被我跟保姆拎去公园溜滑梯，她那时还不太会走路，在公园里爬来爬去，因为还无法坐着溜滑梯，所以我们教她："趴着下来噢。"她很听话地每次爬到滑梯口就自动翻身，趴着溜下来，还常常因为肚子太大溜不顺，被肚子卡住，笑歪我们。

再大一点，咪哈会跑会跳时，看到别的小朋友都是坐着溜滑梯，她也想尝试坐着溜。第一次，咪哈在溜滑梯口没翻身，而是坐得直挺挺，她伸长脖子往滑梯下探了探，看起来有些犹豫，几秒钟后转身回到趴姿，还是趴着溜下来。后来几次也是这样。我忘记她是哪一次成功地坐着溜下来，只记得某次带她去公园，突然发现她怎么坐着就溜下滑梯，还一副熟练的样子，应该是在我没注意的时候自己破了这个心魔。从那时到现在，她都是坐着溜了。

端午连假时，我们到亲子餐厅聚会。游戏区有个很大的管状溜滑梯，由鲜艳的塑料管一节一节组起来。咪哈兴奋地从侧边的彩色楼梯爬上去，才发现这个滑梯跟平常在公园里溜的不一样，管子里暗暗的，而且看不到出口。她犹豫了一会儿，决定要溜，就扶着管口两侧坐下来，稍微往后仰准备要溜，但因为她心里有点害怕，所以坐太后面而溜不下来。

后面的哥哥见她卡在那儿，干脆抱着她溜下来。从滑梯口冲出来的咪哈，头发乱七八糟，表情相当惊恐，但一落地马上笑得像只小企鹅。之后她一次又一次、一次又一次地溜那个滑梯，自己一个人溜，每次落地都好开心。我知道她很快乐。

我想起我自己。我也不是那种总是一次就到位的人，我也需要第二次、第三次，甚至无数次，不仅如此，我也常需要别人推我一把，就像咪哈身后的哥哥那样。我有时候会对自己没耐心，觉得自己很逊，为什么不能快点把事情做好呢？为什么要一次、两次、三次……这么多次呢？嫌弃自己的同时，也羡慕着那种一次到位的人。

而咪哈跟我一样，我却觉得她好棒好可爱。她有她自己的斟酌，有她自己的时程，她自会决定什么时候可以不再趴着而是坐着溜。在克服恐惧之前，她并不会觉得自己很逊很讨厌，而只是顺着当下的感觉做决定，时候到了总会坐着溜下去。她有她天真无邪的智慧，顺流而行。对女儿来说，根本什么问题都没有，而相同处境的我却花费大把心力自我鞭打。

我突然意识到我对自己很差，内心一阵抱歉与心疼。

小孩会选父母、选家庭，有共同课题的灵魂才会成为一家人。所以小孩出生后，渐渐地，那一举一动将让爸爸妈妈如同照镜子一般重新看见自己，而爸爸妈妈可以选择抗拒或者接纳。

我现在深刻体验到这是怎么一回事了。养小孩，就是“通过爱小孩，把自己爱回来”。

Part4

# 为自己开路

亲爱的女生，

对于人生、对于愿景、对于所有渴望的一切……

没什么好说的，全力以赴就对了。

## 你长大之后

我常想象女儿长大之后的世界会是什么样子。

那时候一定已经没有现金这种东西了，出门完全不必带钱，可能也不必带卡，而是用手机或其他东西支付。扫描脸部或指纹一定也能付账，这样就算手机或相关的支付配件被偷，钱也不会被盗用，但若遇上厉害的黑客，可能会一口气丢钱、丢脸、丢指纹……想想风险挺大，唉，这就是方便的代价呀。

那时候一定也没什么人去办公室上班了。有网络的地方就能工作，每个人都可以自己安排上班时间、上班地点，随着业务或心情在城市里自由穿梭，噢，可能不只在城市里漫游，而是穿梭于城市与城市、国家与国家之间，说不定星球与星球之间也行。

那时候一定也不流行结婚了。女人不会为了组成家庭而结婚，因为不需要，女人有能力也有资源养小孩，男人只要当女人的恋人就好，谈情说爱兼做爱，不必一起养小孩。女人会找到最适合一起生活、养育小孩的伙伴（我猜是姐妹淘），而不再要求男人负责照顾家庭，毕竟精子的主人真的未必是最合适的生活伴侣。男人与女人不再互相指控对方未履行传统角色的义务，传宗接代的大事也毫无耽搁。（人类不会灭亡，万岁！）那时候的爱情不再是为了传宗接代，家庭成员也未必一定是恋人，那么爱情就单纯许多，没那么多责任纠葛。不过爱情终究是业力，一对恋人可能还是有很多功课要一起面对，但少了传统与道德的束缚，爱情会走向一种新的模式。

那时候的交通一定很精彩。原本的道路已不复使用，可能会出现许多空中通道、地下通道、神奇的交通工具，以及我意想不到的移动方式。那时候的人不晓得会为什么理由出门？买东西都在网络上买，上班到处都可以，那出门干吗好呢？散步、吃饭、户外运动、朋友聚会吧。但其实不出门应该也能感受到朋友就在身边，那时候的 3D 投影一定很厉害，打开通信软件就能在自己家跟对方的立体影像互动。

刚刚又冒出了一个想象：那时候不需要那么多的实体商店，也不需要那么多的办公室，那么是不是街道就会慢慢还给大自然了？哎呀，感觉好美噢。

我希望那时候的人们已经走过贫穷，来到富足的位置。富足的人不需要掠夺也不会囤积，那么就不会有那么多的消耗与浪费。那时候的人可能更乐意把金钱花在精神上的享受，越来越少补偿性的购物模式。

那时候的我女儿，一定很正，不知道那时候会流行什么形容词来形容充满魅力的女生，到时候我一定要一直用那个词夸我女儿。那时候的人们会很阴性，因为那时候的世界很阴性，大家都习惯用阴性的方式看待世界、推崇阴性特质。那时候的人们对阳刚特质有些打压，但那是必然的反扑，走完过渡期就会阴阳合一了。

越想越嗨呢。有女儿之前，不曾那么认真想过未来的世界， 有女儿之后，便情不自禁地盼望女儿的时代是美好的，总觉得自己的想象真能建构那样的时代。越去想象，越有干劲把当下活好，那么到时候的我，一定又美又富足，能够与女儿、与所爱之人、与那个时代互相荣耀。

## 开路

电影《奇异博士》里有一场戏，是斯特兰奇在寺庙中练习画穿越时空的圆界，别的学徒都画成了，只有他屡屡失败。斯特兰奇认为自己之所以画不好，是因为手受过伤，不仅难以控制力道，还会不时地抖动。斯特兰奇的师父古一很清楚问题根本不在于手，而在于他的心。因为斯特兰奇自从手受伤之后，便把一切人生的不顺遂推罪于双手，他拒绝前进，拒绝看见新的可能性，而只想停留在受害之中怪罪命运，就像他此刻怪罪那双受过伤的手害他无法成功画出圆界。

于是古一唤来另一个学徒，要求他为斯特兰奇示范如何画出时空圆界，学徒领受古一的指示，立刻就定位准备开始，没想到袖口一拨开，他手腕以下竟然是空的，他没有手掌。没有手掌的学徒不费吹灰之力便成功地画出时空圆界，一旁的斯特兰奇露出尴尬、羞愧又有些倔强的神情。古一示意断掌学徒退下，自己又画了个圆界，望向斯特兰奇说：“跟我来。”接着两人一起跨过去，瞬间抵达世界最高峰：珠穆朗玛峰。

山峰远看一片平滑，近看则布满细致的皱褶，那百万年前的断裂、碰撞与沉积，就这样留在棱棱角角的纹路之中，由柔软却犀利的白雪刻画出它的轮廓与风霜。珠穆朗玛峰的白，有可能是人类所能见到最白的白色，既慈悲又残酷，安静无声却道尽生命的所有。

斯特兰奇被眼前的壮阔震慑，一边念叨好冷一边赞叹好美，古一趁着斯特兰奇尚未搞清楚状况，转身走入穿越时空的圆界并关上入口，毫不留情地把他丢在那儿。

海拔八千多米的气候相当恶劣，一般人两分钟之内就会休克，三十分钟之内就会死亡，而斯特兰奇不仅身上的衣物轻薄，也没有任何装备。无人救得了斯特兰奇，除了他自己。死神紧贴在后，虎视眈眈等着他坠落。

生死关头是一条严苛的细缝，容不下推罪与自怨自艾，想活，就得放手一搏。直到这一刻斯特兰奇才终于明白自己已毫无退路，唯有不顾一切地画圆，画到死去或者生还为止。他死命地画、死命地画，手比平时抖得更厉害，还是得画。就这样拼了命地，在断气的前一刻终于成功画出穿越时空的圆界，用最后一口气爬过去，回到寺庙里古一的跟前。

我见过同样毫无退路的人，面对眼前的阻碍，知道自己已没有选择，只能抛下一切拼了。

在一场聚会里，两个朋友谈起自己的困境，都说想要有所突破。大伙儿怂恿他们先冲破一道由在场所有壮汉组成的人墙，当作演练，若冲得过这道人墙，出了聚会肯定更有力量冲破现实的困境。才说完，几个壮男就半挑衅半开玩笑地自动站成一排。“来啊，先过我们这一关再说。”

人墙的平均身高大约一米七五，厚度很难估，大概有两个我。情况看起来不太妙，壮汉们胳臂架着胳臂连成一线，坚实稳固，要怎么冲得破？好难想象啊。

第一个挑战者摩拳擦掌了许久，铆足劲冲向前，结果跌得人仰马翻。他不死心，向后退再冲一次，还是失败。两次、三次、四次甚至到第十次……大伙儿用力替他加油，仍是怎样都过不去，找缝钻也钻不过。那一排壮汉仿若铜墙铁壁，把第一号挑战者折腾得汗流浃背、嘴唇发白，不得不放弃。

接着第二号挑战者上场。他身高一米六五左右，骨架瘦小，跟第一号挑战者相比，成功率更低。人墙在他面前显得格外高大又沉重，旁观的我们看着看着心头都紧起来。会不会太勉强了？虽是一番好意的游戏，还是别玩了吧？气氛变得颇肃穆，一个朋友忍不住走向前问："你确定吗？"这问题就像是命运之神抛出的选项，你要临阵脱逃保全性命，还是迎向挑战与死神赌一把呢？

他冷静地点点头，深吸了一口气，摘下眼镜，望向地面一言不发。大约过了一分钟吧，谁知道到底多久，气氛如此紧张，短短十秒感觉也像一分钟。他抬起头第一件事是转动两只手腕，接着开始一一伸展各个关节。很明显地，他心意已决，要冲了。现场异常安静，没有人敢出声，深怕打扰这最后的暖身。

就在转完双脚脚踝之后，他停下所有的动作，闭上眼睛，再度深深吸了一口气，大喝一声就冲了上去。

旁观的人群，包括我，不知怎么着，眼泪竟跟着他的一声喝涌了出来。那样的呐喊不只是呐喊，而是一声令下，要心底的恐惧全都出来见光死。他个子明明是那样小，冲出去的瞬间却如同一头猛狮，没有丝毫的畏惧与迟疑，破釜沉舟的决心掀起了在场所有人的奋不顾身。

我们被他的勇敢深深感动，对他的搏斗感同身受，他冲向人墙，我们则冲向他。我们围绕着他，声嘶力竭地大喊加油，巴不得把自己的力量全都给他，让他闯关成功。

他带着无与伦比的决心，直接冲撞人墙的最中心。他同样拼到汗流浃背、嘴唇发白，但这次不一样的是，壮汉们竟然也汗流浃背、嘴唇发白。没多久，他撞破人墙倒在地上，壮汉们也七零八落散在地上，全场欢呼尖叫，很多人泪流满面。那一幕令我永生难忘。

这就是开路。

在珠穆朗玛峰那样的绝境，斯特兰奇不得不抛下所有的高傲、受害、推罪、借口，用尽全力投向所学的心法，才得以存活。这就是开路，开路靠的是忏悔、臣服、全力以赴。忏悔未必要哭得一把鼻涕一把眼泪，也无须自我鞭打，而是一个转念，承认阻碍自己前进的从来就不是别人而是自己。斯特兰奇的手是他懦弱与自我放弃的代罪羔羊，他的手从来就没有阻碍他，是他自己阻碍了自己。幸好古一师父下猛药丢了个生死关头给他，让他在最短的时间内醒觉，否则他会继续沉浸在怪罪的轮回之中。

真正的忏悔带来臣服，臣服并非投降认输，而是不再埋怨，从受害转为面对与前进；臣服是对困境说："我接纳你的存在，我选择不让你继续阻碍我。"忏悔与臣服能让我们生出强大的力量，愿意毫无保留地拼了。

我后来问人墙中的壮汉，为什么第一个挑战者体型跟他们差不多，却过不了，而瘦小的第二个挑战者却一冲就破，是因为你们累了吗？有放水吗？"完全没放水。""他那个冲过来的气势很可怕。""真的。""他要撞过来的时候，我竟然有点脚软。"……壮汉们回忆着当时的情景，每个人都说二号挑战者扑上来的瞬间真的犹如一头猛狮，吓都吓死了怎么可能放水，大伙儿全力抵挡，但挡不住啊。

斯特兰奇在死亡的绝境中为自己开出活路，猛狮冲破困境为自己开出成功之路，每个人都在为自己开路，尽管开路从来就不是轻松简单的事，但若不这么做，就得原地不动，跟死亡没有两样。

其实不要说开路，光是活着就已经很不容易，婴儿要学吃奶，小孩要学规矩，大人要学天真，除此之外，还有多少心碎得去经历。没有人的人生是轻松简单的，如果我们没有任何问题，我们会直接涅槃，不会在人间瞎耗。**一个人活得幸福，大多不是因为命好，而是因为甘愿承担，才得以享受无须索取、无须受害的自由与快乐。**

那个聚会是好几年前的事了，但每次想起来仍同样感动。我从此愿意站在自己人生的最前头，为自己披荆斩棘，因为那一声震天动地的喝，让我知道人一旦下定决心全力以赴，必无所不能。

# 许愿的力量

潜意识是有力量的。

所以我非常爱许愿，大至生死小至鼻屎的事我都要许愿，比如“我现在好想吃刈包，可以马上出现一个刈包摊吗？或者让某人刚好买了刈包来找我，谢谢！”“请给我一个很美的路人，我现在想看美女，或者帅哥也可以。”“拜托让我等下出门的时候刚好雨停！”我的生活就是许愿许个没完，许到炉火纯青、驾轻就熟的地步。

我不仅自己很会运用这样的力量，也很爱教人。常有少女跟我说想交男朋友，而且一定要帅，所以她的愿望是：“我要跟帅哥在一起，很帅的那种。”

嗯哼，我说这个愿望听起来很不错，但就力量来说，力道太弱了，略显卑微。想交帅男友要直接这样许愿：“今年八月，我跟我男朋友一起去海边度假，我男朋友长得帅又有胸肌、腹肌、大腿肌，我每天看到他就觉得自己真是上辈子烧高香，这辈子爽歪歪。度假真爽啊，而且度假回来我屁股变好翘！”许愿差不多要达到这种程度，才够力。

**因为许愿是吩咐潜意识去帮你办事，而驱动潜意识要靠感觉、靠感觉、靠感觉！**感觉才能引发意愿，理解并不能引发意愿，就像你是感觉到肚子饿，所以想吃东西，光是理解肠胃的运作与效率，并不会让你想吃东西。感觉引发意愿，有意愿才有行动，一件事情你要讲到很亢奋，讲到仿佛它已经成真那么嗨，才会促使它显化，所以，用你的语气描述你喜欢你高兴的情境，把自己放进去当主角，去感觉那个“爽”！

而且许愿重感觉、重情境，不需要逻辑。也就是说，你不用帮你的愿望规划路径，不需要去默认实现的过程会怎么发生。潜意识不管逻辑的，你给它一个目的地，它自然会帮你抵达，这就是为什么许愿之后就不要管了，因为你要放手让潜意识去工作，不要干涉这个干涉那个，这样潜意识会一直被拉扯、束手束脚。

如果你觉得许愿不牢靠，那干吗许愿呢？你就自己写好计划书、行程表，从头到尾自己来就好，不需要许愿。许愿是仰赖奇迹，那就要彻底交托给你看不见的力量。

怎样算干涉呢？就是怀疑、三心二意、觉得自己不配得。比如你许愿年底账户要有十万，却时不时上演内心小剧场："现在都七月了，账户只有三千块，我看是没希望了。""十万会不会太多了？还是改成六万就好？""我还是不要有十万好了，免得被嫉妒、被说闲话。"十万本来已经在你门口等，时间一到就要进来，但它现在觉得自己不受欢迎，可能转身就跑了。

另外还有一件事非常重要：不要许辛苦的愿望。除非你喜欢自我鞭打、苦尽甘来的滋味，那么你爱许多苦都可以，但如果你没有嗜苦的癖好，请直接空降你要的位置。比如你想找伴侣，请直接刻画幸福的情景，不要许"我们俩历经波折 ABCDEFG、通过重重考验，终于在一起"。想考到证照，直接说"十月证照到手！"不必说"经过一番努力，十月终于考到证照！"懂吗？潜意识也许有意要让你轻易得到，结果你自己许愿许得辛苦，就搞得一波三折，何必呢？除非你偏爱这一味。

许愿也千万不要许你不想要的东西，直接许你要的东西就好。比如常常被很贱的同事陷害，你不想再被陷害了，你就应该心想："从这一秒开始，会来到我身边、分配来跟我一起工作的同事，都是跟我很合、对我很好的人，我也不知道为什么，但我运气就是超好，让我上班上得非常爽！"而不是"公司里那些贱货都不要再来惹我"。一个被好人包围的愿望，强过一个坏人退散的愿望。同理，不想要再负债，就说："我越来越开窍怎么用钱，我对钱好，钱就对我好，我跟钱变成好朋友，钱会帮我完成很多事！"而不是"我这辈子都不用再负债了"。

以上大家都懂了吗？许愿的三个诀窍记起来：

一、真心渴望并对结果超有感觉。

二、把具体情境描绘出来，一边建构一边体验。

三、许完愿就放手，信任潜意识会帮你搞定。

就这样，快去许愿吧！此时此刻我也许下一个愿望，就是看到这篇文章的人，都能美梦成真！

# 外婆的温柔

外婆是跌倒走的。走得很干脆，没怎么折腾，很福气的。那天刚好我跟妹妹都带着小孩回去，热热闹闹一起吃晚餐，晚餐后没多久外婆就跌倒，走了。走前她说："我今天很快乐。"

几年前外婆生了一场大病，在医院里折腾了三个月。当时我几乎天天往医院跑，看着外婆全身插一堆管子，肿得不像人，这里切一刀、那里开一孔。护理师隔几个小时就来帮她抽痰，痰没抽多少，倒是血都出来了。看着这些，心里好害怕有一天外婆要离开时，还得受一次这种罪。幸好没有。

能这样辞世真的很有福气，但我还是哭了一整天。想到以后看不到外婆，心里难受。

告别式是一种让人很抽离的仪式，一堆听不懂的经文、搞不清的程序，糊里糊涂就过去了，也好。一组一组的亲友跪在外婆遗像前或磕头或鞠躬，很多都只见过几面，不熟悉，叫不出称谓。外婆九十几岁了，同龄的亲友大多已经过世，前来的几乎都是后辈，看着不熟识的人来送别，心里有点麻木，没感觉。后来出现一个满头灰白发的熟面孔，从座位上缓缓移动到遗像前方，不像其他人那样一组一组的，没有人跟她一起。她独自走着，每踏一步，空气就往下沉一些。我想起她是谁的那一刻，眼泪瞬间“唰”地流了下来，那是外婆的姐姐。

整个厅堂没有声音，并非真的没有声音，是耳里听不见任何声音。有些亲友低下头，不忍看这一幕，我、妈妈、姐妹们也默默哭得哀伤。她本人倒是很平静，虽步履蹒跚，拿香的手却异常稳固，朝着花海后方的遗照弯腰一拜，眉目淡然。“她是第几个姨婆？”我问身旁的表姐。“五，五姨婆，只剩下最后一个了。”

外婆是个拥有大羽翼的人，靠近她，就一定受她照顾。她的慈悲虽然带有一点交换与牺牲，但那是因为她一直在等一个人，像她拯救别人那样拯救她自己，想来是很心疼的。

外婆走的那一天，我本来有个工作邀约，幸好没接下，否则就没办法回家聚那最后一顿晚餐；告别式当天，我原本也有工作，而对方在两周前突然说要取消。在正常情况下，临时取消工作我会很不高兴，但当时不知为何心里异常平静，有种取消也好的感觉。妈妈说，外婆断气没多久她就收到表哥的信息：“请节哀。”很奇怪，连我们都还没接到消息，表哥又怎么会知道？

“你怎么知道？”妈妈回复他。

“托梦。”

“还有说什么吗？”

“谢谢你们，我这辈子的任务已经完成了。”表哥说外婆握了握他的手就开心地走了。

小妹在台南赶不回来，但她家客厅的钟莫名其妙停在半夜十二点多，那是外婆跌倒的时间，原来外婆也有去看她。

我之前觉得死亡很残酷，说走就走，没得商量。之前妮妮的死让我领悟：对所爱之生命最后一份尊重，是尊重她选择的死法。即使与我的预期不同，即使比我所能承受的还要悲惨，我都要尊重那就是她对自己死亡的选择。所以我觉得死亡很残酷，然而由妮妮来给，我甘愿收。

外婆的选择很不一样，她替我排开了工作、悄悄地用时钟告诉妹妹她来过、请表哥帮忙转达心情。外婆为自己的死亡张罗了好多，理由很简单，她不要我们伤心。

我真的没想过，原来死亡可以这么温柔。外婆，谢谢你，愿你在天家的怀抱中，饱受疼爱。

# 后记

*Epilogue*

## 丰收

谢谢你读这本书，谢谢你让我有机会贡献。

老实说，我还真没料到自己有一天会讲出这么慈悲的一句话，但此刻我真的充满感谢之情，且是由衷地，甚至感动地。

说来有点害羞，几年前的我还是个经常就玻璃心碎一地的小可怜呢，别说贡献了，光是好好活着都有点困难。怎么回事呢？这得从我还在巴黎时说起……某天早上起床后打开博客，一如往常，映入眼帘的又是几千几百则的人身攻击、恐吓、性羞辱以及针对我家人的恶毒诅咒，甚至有网民开始号召人马说要去伤害我爸妈……“百吻”之后，这样的生活已经过了好一阵子，我突然觉得忍无可忍、无助到极点，便拨电话给一位我很信任的老师哭诉。

“老师，我想不出我做错了什么，为什么我觉得很棒的事，别人会觉得很肮脏、很糟糕？我的家乡好像容不下我这种人，就连在巴黎的台湾人都警告我不要出门丢脸……老师，我还能回台湾吗？”听完这串苦水，老师并没有急着疼惜我、可怜我，她只是笑笑，然后很笃定地说：“雅晴，你怕什么？不用怕，是女神的，都会站在你这边。”

“是女神的，都会站在你这边。”这句话，让我瞬间从一个人变成一整支军队。

我明白了。尽管表面上看起来是咒骂与嘲笑居多，正面回应势单力薄，但没关系，跟我同样天真无邪的人们会懂的。他们虽然不像讨厌我的人这么勤奋地留言，可是他们都在。被攻击，只是为了让我认出谁才是跟我同频率的人，再难的关卡牙一咬就过去了，管他呢，没时间自怨自艾！

就这样，我的力量回来了。那之后我开了粉丝专页并细心地经营着，心想，只要有个持续运作的平台，同频率的人们就能联系上我。这真是个非常浪漫的想法，而我就这样经营了将近十年。

这些年，我常收到粉丝来信谢谢我当年给予他们灵感与勇气去完成梦想。其中有些人当了记者，有些人当了品牌营销员，有些人成为老师……一位珠宝设计师送给我她设计的项链，说：“我一直在贯彻你当年‘百吻’带给我的感动，想学舞就去学舞，想有自己的事业就去学珠宝设计。如果当年没有你，这一切不会发生，只会是‘想’而已。这些年我一直想送你什么礼物。你也许不明白你对我的人生多重要，但我真的非常非常感谢你。”这些话从屏幕跳到我眼里，再跳到我心里，很感动。

每每收到这些回馈，就想起老师说：“是女神的，都会站在你这边。”真的是这样呢，我曾经以为自己很孤单，其实一点也不，女神们星星点点错落在各地，作为彼此的盟友，迟早有一天相遇。

我回复珠宝设计师：“谢谢你告诉我，你从我这里收到很美好的东西，然后用你的方式又创造了美好的东西。我很感动，也很感恩，谢谢你。”言辞平静，内心澎湃。一直以来我做我喜欢的事，不太清楚自己到底给出了什么，然而通过各种回馈，发现我给出去的东西已成为漂亮的涟漪，那一圈一圈的，都是感动。

我陷入低谷时，老师一句话点醒我，身边的人温柔陪伴我，那种感动难以言喻。所以当我有力量之后，也愿意不厌其烦地把自己曾经得到的感动传递出去，无论是通过文字、言语，或者照片。

“有”的人才能给啊，因此施比受有福。知道自己能带给别人好的影响，是很幸福的事。所以谢谢你读这本书，谢谢你让我有机会贡献，祝福你在脆弱时配得暖心的臂膀，在强壮时乐于给予，而无论在何时，都拥有不放弃、勇往直前的力量。